―― 計算力をつける ――

応用数学 問題集

魚橋慶子・梅津 実

共著

内田老鶴圃

本書の全部あるいは一部を断わりなく転載または複写(コピー)することは，著作権および出版権の侵害となる場合がありますのでご注意下さい．

まえがき

　本書は理工系学生向け教科書『計算力をつける応用数学』に対応する問題集である．教科書を使用するうち「より多くの問題演習を行いたい」「もっと難しい問題を解きたい」という声が挙がり，本問題集を刊行する運びとなった．
　本書の利用対象として大学2・3年生，高専高学年生を念頭に置いている．しかし学年が進むにつれ学科専門科目が増加し，応用数学の勉学へ長時間を割くことが困難な学生もいるであろう．その場合はA問題または奇数番号の小問を選び解くことで最低限の演習ができるよう，配慮した．また教科書が手元になくとも問題演習をすることができるよう，各章の冒頭に重要公式や方程式の解法をまとめた．

　第0章は複素数についての基本的な演習である．四則演算，複素平面，オイラーの公式について，高校の内容から大学の内容まで取り挙げる．専門科目諸分野に現れる複素数の基礎概念を，複素関数論の不履修者でも修得できるよう，配慮した．
　第1章は常微分方程式について，第2章はフーリエ級数・フーリエ変換について，第3章はラプラス変換についての演習である．これらの章にも，高校の復習や大学教科書レベルの問題を多数用意した．そして力学・電気回路などの応用問題も揃え，読者それぞれの専門科目の導入を兼ねるようにした．
　第4章は複素関数の微積分，いわゆる複素関数論についての演習である．複素関数の基礎から留数定理までを学習する．特に複素平面上の微積分をイメージすることが難しい学生のため，標準的な問題を繰り返し並べた．

　「より多くの問題演習を行いたい」「もっと難しい問題を解きたい」という声に応えることができれば，幸いである．

2016年2月

魚橋慶子・梅津　実

目次

まえがき ··· i

第0章 複素数

§0.1 複素数とは ··· 1
§0.2 複素数の四則演算 ··· 1
§0.3 複素平面 ··· 1
§0.4 絶対値と偏角 ··· 1
§0.5 ド・モアブルの公式 ··· 2
§0.6 共役複素数 ··· 2
§0.7 複素平面上の円 ··· 2
§0.8 オイラーの公式 ··· 3
問題 A ·· 4
問題 B ·· 6

第1章 常微分方程式

§1.1 微分方程式とは ··· 9
§1.2 変数分離形 ··· 9
§1.3 同次形 ·· 10
§1.4 線形1階微分方程式 ·· 10
§1.5 完全微分形 ·· 10
§1.6 線形2階微分方程式（同次形） ································ 11
§1.7 線形2階微分方程式（非同次形） ······························ 11
§1.8 2階を超える線形微分方程式 ·································· 12
問題 A ··· 14
問題 B ··· 20

第2章 フーリエ級数とフーリエ変換

§2.1 フーリエ級数 ·· 27

目次 iv

§2.2　三角関数とベクトルの比較 ··· *30*
§2.3　フーリエ級数の性質 ·· *32*
§2.4　偏微分方程式の解法（フーリエ級数の利用）·························· *33*
§2.5　フーリエ変換 ··· *34*
§2.6　フーリエ変換の性質 ·· *35*
§2.7　偏微分方程式の解法（フーリエ変換の利用）·························· *37*
問題 A ·· *38*
問題 B ·· *41*

第3章　ラプラス変換

§3.1　ラプラス変換 ··· *47*
§3.2　簡単なラプラス変換 ·· *47*
§3.3　ラプラス変換の性質 ·· *48*
§3.4　逆ラプラス変換 ·· *51*
§3.5　定数係数常微分方程式の初期値問題 ··································· *53*
§3.6　インパルス応答と合成積 ·· *53*
問題 A ·· *54*
問題 B ·· *60*

第4章　複素関数

§4.1　実部と虚部 ·· *65*
§4.2　コーシー–リーマンの方程式 ··· *65*
§4.3　微分の公式 ·· *65*
§4.4　指数関数 ··· *66*
§4.5　三角関数 ··· *66*
§4.6　双曲線関数 ·· *67*
§4.7　極 ··· *67*
§4.8　複素積分 ··· *68*
§4.9　テイラー級数とローラン級数 ·· *70*
§4.10　多価関数 ··· *71*
問題 A ·· *73*
問題 B ·· *78*

目　次　　　　　　　　　　　v

問題解答
　第 0 章 *85*
　第 1 章 *89*
　第 2 章 *101*
　第 3 章 *109*
　第 4 章 *118*

索　引 *125*

第0章 複素数

§0.1 複素数とは

> 虚数単位：i　　$i^2 = -1$
> 複素数：$z = x + yi$　（x, y は実数）
> 実部：$x = \mathrm{Re}(z)$　　　虚部：$y = \mathrm{Im}(z)$

§0.2 複素数の四則演算

> $z = a + bi, w = c + di, (a, b, c, d$ は実数$)$ とするとき，
> $z + w = (a + bi) + (c + di) = a + c + (b + d)i,$
> $z - w = a + bi - (c + di) = a - c + (b - d)i,$
> $zw = (a + bi)(c + di) = ac - bd + (bc + ad)i,$
> $\dfrac{z}{w} = \dfrac{a + bi}{c + di} = \dfrac{ac + bd + (bc - ad)i}{c^2 + d^2}$

§0.3 複素平面

複素数 $z = x + yi$ を xy 平面の点 (x, y) に対応させる．そのときの平面を複素平面という．複素数は，複素平面上の1点で表される．

§0.4 絶対値と偏角

複素平面の原点とある複素数 $z = x + yi$ を結んだ線分を考える．この線分の長さをこの複素数の絶対値と呼び，$|z|$ とかく．また，横軸の正の部分から始めて，反時計回りにこの線分まで図った角度 θ を偏角と呼び，$\arg(z)$ で表す．

$$|z| = \sqrt{x^2 + y^2}$$

$|z| = r$ とかくと，次の極形式が得られる．

$$z = x + yi = r(\cos\theta + i\sin\theta)$$

$$|zw| = |z||w|, \quad \arg(zw) = \arg z + \arg w$$

$$\left|\frac{z}{w}\right| = \frac{|z|}{|w|}, \quad \arg\left(\frac{z}{w}\right) = \arg z - \arg w$$

§0.5 ド・モアブルの公式

ド・モアブルの公式
$$z^n = \{r(\cos\theta + i\sin\theta)\}^n = r^n(\cos n\theta + i\sin n\theta) \quad (n = 0, \pm 1, \pm 2, \cdots)$$

§0.6 共役複素数

$z = x + yi$ （x, y は実数）のとき，共役複素数 $\overline{z} = x - yi$
$$\overline{\overline{z}} = z, \quad |\overline{z}| = |z|, \quad \arg\overline{z} = -\arg z$$
$$\overline{zw} = \overline{z}\,\overline{w}, \quad \overline{\left(\frac{z}{w}\right)} = \frac{\overline{z}}{\overline{w}}, \quad |z|^2 = z\overline{z}$$

§0.7 複素平面上の円

中心 α，半径 r の円の方程式
$$|z - \alpha| = r$$

§0.8　オイラーの公式

オイラーの公式

$$e^{ix} = \cos x + i \sin x$$

$$\cos x = \frac{1}{2}(e^{ix} + e^{-ix}), \quad \sin x = \frac{1}{2i}(e^{ix} - e^{-ix})$$

指数関数の微分・積分

$$\frac{d}{dx}e^{ix} = ie^{ix}, \quad \int e^{ix} dx = \frac{e^{ix}}{i} + C \quad (C \text{ は積分定数})$$

第 0 章 複 素 数

問題 A

1. 次の複素数の実部と虚部を答えよ．

(1) $1+2i$

(2) $-3+i$

(3) $\dfrac{1}{2}-i$

(4) $\dfrac{1+\sqrt{3}i}{5}$

(5) $-2i$

(6) 4

2. 前問 1 の 6 個の複素数から純虚数を選べ．

3. 実部 $\mathrm{Re}(z)$ と虚部 $\mathrm{Im}(z)$ をそれぞれ次の値とする複素数 z を答えよ．

(1) $\mathrm{Re}(z)=6,\ \mathrm{Im}(z)=3$

(2) $\mathrm{Re}(z)=-\sqrt{2},\ \mathrm{Im}(z)=\sqrt{2}$

(3) $\mathrm{Re}(z)=\pi,\ \mathrm{Im}(z)=\dfrac{\pi}{2}$

(4) $\mathrm{Re}(z)=0,\ \mathrm{Im}(z)=-1$

4. 次の複素数を $a+bi$（a,b は実数）の形にせよ．ただし $a=0$ の場合は bi の形にせよ．

(1) $\sqrt{-1}$

(2) $\sqrt{-2}$

(3) $\sqrt{-4}$

(4) $\sqrt{-8}$

(5) $2i+3i$

(6) $5i-3i$

(7) $(1+i)+(3+2i)$

(8) $\left(\sqrt{2}+\sqrt{5}i\right)+\left(2\sqrt{2}-\sqrt{3}i\right)$

(9) $(4-2i)-(5+2i)$

(10) $\left(-\dfrac{3}{2}+\dfrac{2}{3}i\right)-\left(-\dfrac{1}{2}-\dfrac{1}{6}i\right)$

(11) $(3+2i)(1+4i)$

(12) $(6-i)(2+i)$

(13) $\left(\sqrt{2}+i\right)\left(\sqrt{2}-2i\right)$

(14) $\left(\sqrt{3}-\sqrt{5}i\right)\left(2\sqrt{3}+\sqrt{5}i\right)$

(15) $\dfrac{1+i}{1-i}$

(16) $\dfrac{1+3i}{2+4i}$

(17) $\dfrac{\sqrt{5}-\sqrt{3}i}{i}$

(18) $\dfrac{1+\sqrt{2}i}{\sqrt{3}i}$

問題 A

(19) $\sqrt{-2} \times \sqrt{-5}$ (20) $\sqrt{-3} \times \sqrt{-27}$

(21) $\dfrac{\sqrt{5}}{\sqrt{-2}}$ (22) $\dfrac{\sqrt{27}}{\sqrt{-3}}$

5. 次の複素数の絶対値 r と偏角 θ を求め，極形式で表せ．ただし $-\pi < \theta \leq \pi$ とする．

(1) $1+i$ (2) $-3\sqrt{3}+3i$

(3) $-2-2i$ (4) $\sqrt{3}-3i$

6. 次の複素数の絶対値 r と偏角 θ を求め，極形式で表せ．

(1) $1+\sqrt{3}i$ (2) $-2\sqrt{3}-2i$

(3) $3-\sqrt{3}i$ (4) $\dfrac{-1+i}{2}$

7. 次の複素数 z, w に対し，積 zw の絶対値 $|zw|$ と偏角 $\arg(zw)$ を求めよ．また商 $\dfrac{z}{w}$ の絶対値 $\left|\dfrac{z}{w}\right|$ と偏角 $\arg\left(\dfrac{z}{w}\right)$ を求めよ．ただし $-\pi < \arg(zw) \leq \pi$，$-\pi < \arg\left(\dfrac{z}{w}\right) \leq \pi$ とする．

(1) $z = 3\left(\cos\dfrac{\pi}{3} + i\sin\dfrac{\pi}{3}\right),\ w = 2\left(\cos\dfrac{\pi}{5} + i\sin\dfrac{\pi}{5}\right)$

(2) $z = \cos\dfrac{2}{3}\pi + i\sin\dfrac{2}{3}\pi,\ w = \sqrt{2}\left(\cos\dfrac{\pi}{6} + i\sin\dfrac{\pi}{6}\right)$

(3) $z = \sqrt{3}\left(\cos\dfrac{5}{6}\pi + i\sin\dfrac{5}{6}\pi\right),\ w = \sqrt{3}\left\{\cos\left(-\dfrac{\pi}{6}\right) + i\sin\left(-\dfrac{\pi}{6}\right)\right\}$

(4) $z = \sqrt{6}\left\{\cos\left(-\dfrac{\pi}{7}\right) + i\sin\left(-\dfrac{\pi}{7}\right)\right\}$,
$w = \sqrt{2}\left\{\cos\left(-\dfrac{2}{7}\pi\right) + i\sin\left(-\dfrac{2}{7}\pi\right)\right\}$

8. ド・モアブルの公式を用いて次の計算をせよ．

(1) $(1+i)^4$ (2) $(-1+i)^7$

(3) $z = -1 - \sqrt{3}i$ のとき，z^5 (4) $z = \sqrt{2} - \sqrt{2}i$ のとき，$\left(\dfrac{z}{|z|}\right)^{14}$

9. 次の計算をせよ．

(1) $z = 3 + 4i$ のとき，$z\bar{z}$

(2) $z = -2 - i$ のとき，$\bar{z} - 4z\bar{z}$

(3) $z = -5 + 2i$ のとき，$\dfrac{z + \bar{z}}{2}$

(4) $z = 1 - \sqrt{3}i$ のとき，$\dfrac{z - \bar{z}}{2i}$

10. 次の円の半径 r と中心を表す複素数 α を求めよ．また，円の概形を複素平面上にかけ．

(1) $|z - 1| = 1$

(2) $|z - i| = 1$

(3) $|z - 3 - i| = 2$

(4) $|2z + 4 + 2i| = 6$

11. 次の値を求めよ．

(1) $e^{\frac{\pi}{3}i}$

(2) $e^{\frac{2}{3}\pi i}$

(3) $e^{\frac{3}{4}\pi i}$

(4) $e^{\pi i}$

(5) $e^{\frac{4}{3}\pi i}$

(6) $e^{\frac{3}{2}\pi i}$

(7) $e^{\frac{7}{4}\pi i}$

(8) $e^{-2\pi i}$

(9) $e^{-\frac{\pi}{4}i}$

(10) $e^{-\frac{5}{6}\pi i}$

問題 B

1. 次の等式をみたす実数 a, b の値を求めよ．

(1) $a + (1 + b)i = 3 + 2i$

(2) $(a + b) + (2a - b)i = 1 + 5i$

2. 絶対値 $r = |z|$ と偏角 $\theta = \arg z$ を次の値とする複素数 z を求めよ．

(1) $r = 2,\ \theta = \dfrac{\pi}{4}$

(2) $r = 4,\ \theta = \dfrac{\pi}{3}$

(3) $r = 3,\ \theta = \dfrac{5}{6}\pi$

(4) $r = \sqrt{3},\ \theta = -\dfrac{2}{3}\pi$

(5) $r = 4,\ \theta = \dfrac{7}{4}\pi$

(6) $r = \sqrt{5},\ \theta = \pi$

問題 B   7

3. ド・モアブルの公式を用いて次の計算をせよ．ただし (4) (5) (6) の計算結果に $\cos\theta, \sin\theta$（$0 < \theta < \pi$）の形を用いてよい．

(1) $(1+i)^{-4}$

(2) $\left(\dfrac{1}{2} - \dfrac{\sqrt{3}}{2}i\right)^{-6}$

(3) $z = -4 - 4i$ のとき，z^{-3}

(4) $z = \sqrt{2}\left(\cos\dfrac{\pi}{5} + i\sin\dfrac{\pi}{5}\right)$ のとき，z^4

(5) $z = 2\left(\cos\dfrac{\pi}{7} + i\sin\dfrac{\pi}{7}\right)$ のとき，$\left(\dfrac{z}{|z|}\right)^{15}$

(6) $z = \sqrt{3}\left(\cos\dfrac{\pi}{5} + i\sin\dfrac{\pi}{5}\right)$ のとき，$\left(\dfrac{z}{|z|}\right)^{-4}$

4. 次の値を求めよ．

(1) $e^{\frac{5}{2}\pi i}$

(2) $e^{\frac{13}{4}\pi i}$

(3) $e^{-\frac{8}{3}\pi i}$

(4) $e^{-\frac{19}{6}\pi i}$

(5) $e^{\log 2 + \frac{\pi}{3}i}$

(6) $e^{\log 3 - \frac{\pi}{4}i}$

5. 次の複素数を $e^{\theta i}$ の形で表せ．ただし $-\pi < \theta \leq \pi$ とする．

(1) $\dfrac{1}{\sqrt{2}} + \dfrac{1}{\sqrt{2}}i$

(2) $-\dfrac{\sqrt{3}}{2} + \dfrac{1}{2}i$

(3) $-\dfrac{1}{2} - \dfrac{\sqrt{3}}{2}i$

(4) $-i$

6. 次の等式を証明せよ．

(1) $\left|\dfrac{1}{z}\right| = \dfrac{1}{|z|}$

(2) $\arg\left(\dfrac{1}{z}\right) = -\arg z$

7. 次の円の半径 r と中心を表す複素数 α を求めよ．また，円の概形を複素平面上にかけ．

(1) $|z - \pi| = 3$

(2) $|z - \pi i| = 2$

(3) $|3z - 3 + 2\pi i| = 3$

8. 不定積分に関する次の等式が成り立つことを示せ．ただし C を定数とする．

(1) $\displaystyle\int e^{ix}\,dx = \sin x - i\cos x + C$

(2) $\displaystyle\int e^{(1+2i)x}\,dx = \frac{1}{5}e^x(\cos 2x + 2\sin 2x) + \frac{1}{5}e^x(\sin 2x - 2\cos 2x)i + C$

9. オイラーの公式を使って次の不定積分を計算せよ（参考：「計算力をつける応用数学」例題 0.9）．

$$\int e^{3x}\sin 2x\,dx,\quad \int e^{3x}\cos 2x\,dx$$

第1章 常微分方程式

§1.1 微分方程式とは

常微分方程式の例

自由落下の方程式 $\dfrac{d^2y}{dt^2} = g$ （g は重力加速度，t は時刻）

円群の方程式 $\dfrac{y}{x}\dfrac{dy}{dx} = -1$

常微分方程式の作り方

y の変化率，増加率 $\longrightarrow$ $\dfrac{dy}{dx}$ に置き換え

□は◯に比例する $\longrightarrow$ □ $= C \times$ ◯ （C は定数）

□は◯に反比例する $\longrightarrow$ □ $= \dfrac{C}{\text{◯}}$ （C は定数）

l_1：傾き a_1 の直線，l_2：傾き a_2 の直線（$a_1 \neq 0, a_2 \neq 0$）に対し

l_1 と l_2 が直交する $\longrightarrow$ $a_1 \cdot a_2 = -1$

§1.2 変数分離形

変数分離形微分方程式の解法

$\dfrac{dy}{dx} = \dfrac{f(x)}{g(y)}$ $\longrightarrow$ $g(y)dy = f(x)dx$：変数を分離

$\longrightarrow$ $\displaystyle\int g(y)dy = \int f(x)dx + C$：両辺を積分

条件 "$x = 0$（または $t = 0$）のとき $y = a$"

$x = 0$（または $t = 0$），$y = a$ を一般解へ代入 $\longrightarrow$ 定数 C を求める

§1.3　同　次　形

同次形微分方程式の解法

$$\frac{dy}{dx} = f\left(\frac{y}{x}\right) \quad \longrightarrow \quad v = \frac{y}{x} \text{ とおく}$$
$$\longrightarrow \quad y = vx, \quad y' = v'x + v$$
$$\longrightarrow \quad \text{変数分離形へ変形}$$

---

§1.4　線形 1 階微分方程式

線形 1 階微分方程式の一般解

$$\frac{dy}{dx} + P(x)y = Q(x)$$
$$\longrightarrow \quad y = e^{-\int P(x)dx} \left\{ \int Q(x) e^{\int P(x)dx} dx + C \right\}$$

---

§1.5　完全微分形

完全微分方程式の一般解

$$P(x,y)dx + Q(x,y)dy = 0 \quad \left(\frac{\partial P}{\partial y} = \frac{\partial Q}{\partial x}\right)$$
$$\longrightarrow \quad \int_a^x P(x,y)dx + \int_b^y Q(a,y)dy = C \quad (a, b \text{ は定数})$$

---

§1.6 線形2階微分方程式（同次形）

> **$y'' + a_1 y' + a_2 y = 0$ の一般解**
> 特性方程式 $t^2 + a_1 t + a_2 = 0$ が
> (1) 異なる2つの解 α, β をもつとき：$y = C_1 e^{\alpha x} + C_2 e^{\beta x}$
> (2) 重解 α をもつとき：$y = (C_1 + C_2 x)e^{\alpha x}$
> (3) 虚数解 $\lambda \pm \mu i$ をもつとき：$y = C_1 e^{\lambda x} \sin \mu x + C_2 e^{\lambda x} \cos \mu x$
>
> (C_1, C_2：定数)

§1.7 線形2階微分方程式（非同次形）

> **微分方程式の解の分類**
> 一般解 $\cdots$ 任意定数により表される解
> 特殊解 $\cdots$ 一般解の任意定数を特定の値に定め表される解
> 特異解 $\cdots$ 一般解の任意定数をどのように定めても表されない解
> 　（一般解でも特殊解でもない解．例：一般解のなす曲線群の包絡線（参考：「計算力をつける応用数学」第1章，章末問題 [7]））
> ※定数係数線形常微分方程式（非同次形）の解法では，特殊解を利用し一般解を求める．

> **$y'' + a_1 y' + a_2 y = F(x)$ の一般解**
> 特殊解 $Y_0(x)$ に $y'' + a_1 y' + a_2 y = 0$ の一般解 $Y(x)$ を加えたもの
> $$y = Y(x) + Y_0(x)$$
> は，$y'' + a_1 y' + a_2 y = F(x)$ の一般解である．

> **$y'' + a_1 y' + a_2 y = F(x)$ の特殊解**
>
> (1) $F(x) = (m\text{ 次多項式})$ のとき
> $a_2 \neq 0$ の場合： $Y_0(x) = (m\text{ 次多項式})$
> $a_1 \neq 0, a_2 = 0$ の場合： $Y_0(x) = x \cdot (m\text{ 次多項式})$
> (2) $F(x) = ke^{ax}$ のとき
> a が特性方程式の解でない場合： $Y_0(x) = Ae^{ax}$
> a が特性方程式の重解でない解の場合： $Y_0(x) = Axe^{ax}$
> (3) $F(x) = p\sin ax + q\cos ax$ のとき
> ia が特性方程式の解でない場合： $Y_0(x) = A\sin ax + B\cos ax$
> ia が特性方程式の解の場合： $Y_0(x) = x(A\sin ax + B\cos ax)$
>
> (A, B：定数)

§1.8　2階を超える線形微分方程式

> **$y^{(n)} + a_1 y^{(n-1)} + \cdots + a_{n-1} y' + a_n y = 0$ の一般解**
>
> (1) 特性方程式が $t^n = 0$ $(y^{(n)} = 0, \dfrac{d^n y}{dx^n} = 0)$ のとき一般解は
> $$y = C_1 + C_2 x + \cdots + C_n x^{n-1}$$
>
> (2) 特性方程式が $(t-\alpha)^n = 0$ のとき一般解は
> $$y = (C_1 + C_2 x + \cdots + C_n x^{n-1})e^{\alpha x}$$
>
> (3) 特性方程式が $(t-\alpha_1)(t-\alpha_2)\cdots(t-\alpha_n) = 0$ $(\alpha_1, \alpha_2, \cdots, \alpha_n$ はすべて異なる) のとき一般解は
> $$y = C_1 e^{\alpha_1 x} + C_2 e^{\alpha_2 x} + \cdots + C_n e^{\alpha_n x}$$
>
> ($C_1, C_2, \cdots, C_n$：定数)

基本解
　一般解が，1次独立ないくつかの関数の1次結合で表されるとき，それぞれの関数を基本解という（1次独立：互いに他の関数の1次結合で表されないこと）．

§1.8 2階を超える線形微分方程式

例：一般解 $y = C_1 + C_2 x + \cdots + C_n x^{n-1}$ に対する基本解は $1, x, x^2, \cdots, x^{n-1}$.
微分方程式 $y'' - 4y' + 3y = 0$ の基本解は e^x, e^{3x}.
特性方程式が $(t-2)^3 = 0$ である同次形常微分方程式の基本解は,
$e^{2x}, xe^{2x}, x^2 e^{2x}$.

問題 A

1. 次の微分方程式の解を求めよ 〈§1.1〉.

(1) $y' = 1$ （y は t の関数）

(2) $y' = 2x + 4$ （y は x の関数）

(3) $y'' = 6$ （y は x の関数）

(4) $y'' = 3x - 1$ （y は x の関数）

(5) $\dfrac{d^3 y}{dt^3} = 4$ （y は t の関数）

(6) $\dfrac{dy}{dx} = e^{2x}$ （y は x の関数）

2. 定数 $a, b, c > 0$ を消去し，次式を表す微分方程式を求めよ 〈§1.1〉.

(1) $y = ax + b$

(2) $y = ax^2 + bx + c$

(3) $(x-3)^2 + (y-2)^2 = c^2$

(4) $\dfrac{x^2}{4} + y^2 = c^2$

(5) $\dfrac{x^2}{9} - \dfrac{y^2}{5} = c^2$

(6) $y^2 = ax$

3. 次の関係または直線・曲線を微分方程式で表せ．ただし y を x の関数とし，直線・曲線は xy–平面上にあるとする 〈§1.1〉.

(1) y' は x に比例する

(2) y' は x に反比例する

(3) y' は y に比例する

(4) y' は y に反比例する

(5) y' は x の平方に比例する

(6) y' は y の平方に比例する

(7) 傾きが 1 の直線

(8) 傾きが π の直線

(9) 直線 $y = 2x + 1$ に平行な直線

(10) 直線 $y = 3x - 1$ に直交する直線

(11) 曲線 S 上の各点 P における接線が線分 AP に直交するときの，曲線 S（ただし点 A の座標を $(1, 2)$ とする）

(12) 曲線 S 上の各点 P における接線が線分 AP に直交するときの，曲線 S（ただし点 A の座標を $(-2, 4)$ とする）

(13) y の変化率が e^x に比例する

(14) y の変化率が $\log x$ に比例する

問題 A

4. 次の不定積分を求めよ 〈§1.2〉.

(1) $\displaystyle\int \frac{1}{x}\,dx$ (2) $\displaystyle\int \frac{1}{x+1}\,dx$

(3) $\displaystyle\int \frac{1}{y}\,dy$ (4) $\displaystyle\int \frac{1}{y-3}\,dy$

(5) $\displaystyle\int \frac{2}{2x+1}\,dx$ (6) $\displaystyle\int \frac{1}{2y+1}\,dy$

(7) $\displaystyle\int \frac{1}{1-x}\,dx$ (8) $\displaystyle\int \frac{1}{2-3y}\,dy$

5. 次の等式をみたす y を x で表せ. ここで対数 log の真数を正の値とする 〈§1.2〉.

(1) $\log(y+1) = \log(x+2)$ (2) $\log(y+1) = \log(x+2) + \log x$

(3) $\log(y+1) = 2\log(x-1)$

(4) $\log(y+2) = \log(x-1) + C$ (C は定数)

(5) $\log y = x$ (6) $\log(y-1) = x+2$

(7) $\log(y-2) = x + C$ (C は定数) (8) $\log y = \log(2x+1) + x$

6. 次の微分方程式を解け 〈§1.2〉.

(1) $yy' = \dfrac{1}{x}$ (2) $y' = (1+e^x)e^y$

(3) $y' = 4xy$ (4) $(x+1)y' = y - 1$

(5) $(2x+1)y' = y - 2$ (6) $x^2 y' = y^3$

7. 次の微分方程式を解け 〈§1.3〉.

(1) $y' = 3\dfrac{y}{x} + 1$ (2) $y' = 2\dfrac{y}{x} - 3\dfrac{x}{y}$

(3) $xyy' = x^2 - y^2$ (4) $y' = \dfrac{xy}{x^2+y^2}$

8. 線形1階微分方程式 $\dfrac{dy}{dx} + P(x)y = Q(x)$ の一般解が

$$y = e^{-\int P(x)dx}\left\{\int Q(x)e^{\int P(x)dx}dx + C\right\}$$

となることを示せ 〈§1.4〉.

9. 次の微分方程式を解け 〈§1.4〉.

(1) $y' - 3y = e^{2x}$ (2) $y' + \dfrac{1}{x}y = e^{x}$

(3) $y' + \dfrac{1}{x}y = e^{2x}$ (4) $xy' - y = x$

(5) $xy' + y = x\log x$ (6) $y' + y\sin x = e^{\cos x}$

10. 次の微分方程式を解け 〈§1.5〉.

(1) $(2x+y)\,dx + (x+4y)\,dy = 0$ (2) $(x^2+y^2)\,dx + (2xy-y^2)\,dy = 0$

(3) $x(x-2y)\,dx + (y-x^2)\,dy = 0$

(4) $(2xy+y+1)\,dx + (x^2+x+1)\,dy = 0$

(5) $(2y-x+1)\,dx + (2x-y+1)\,dy = 0$

(6) $(e^{x+y}+1)\,dx + (e^{x+y}+2)\,dy = 0$

11. 次の微分方程式の特性方程式，特性方程式の解，微分方程式の一般解を求めよ 〈§1.6〉.

(1) $y'' + y' - 2y = 0$ (2) $y'' - y' - 2y = 0$

(3) $y'' + 5y' + 4y = 0$ (4) $y'' - 3y' - 4y = 0$

(5) $y'' - 5y' + 6y = 0$ (6) $y'' + 6y' + 8y = 0$

(7) $y'' - 6y' + 9y = 0$ (8) $y'' + 8y' + 16y = 0$

(9) $y'' + 4y' + 4y = 0$ (10) $y'' + 2\sqrt{3}y' + 3y = 0$

12. 次の微分方程式の特性方程式，特性方程式の解，微分方程式の一般解を求めよ 〈§1.6〉.

問題 A 17

(1) $y'' + 3y' + 3y = 0$ (2) $y'' + y' + 4y = 0$

(3) $y'' - 3y' + 5y = 0$ (4) $y'' - 4y' + 8y = 0$

(5) $y'' + 2y' + 2y = 0$ (6) $y'' - 6y' + 10y = 0$

(7) $y'' + y = 0$ (8) $y'' + 9y = 0$

(9) $4y'' + 9y = 0$ (10) $25y'' + 3y = 0$

13. 次の微分方程式を解け 〈§1.7〉.

(1) $y'' + 3y' + 2y = 4x + 8$ (2) $y'' + 5y' + 6y = 18x + 9$

(3) $y'' - 2y' - 3y = -3x^2 - 7x - 3$ (4) $y'' - 4y' + 4y = -4x^2 + 10$

(5) $y'' + 3y' - 10y = -12e^x$ (6) $y'' - 4y' + 2y = 14e^{-2x}$

(7) $y'' + 6y' + 9y = 12e^{-x}$ (8) $y'' + 2y' + 3y = 2e^{-x}$

(9) $y'' + 4y' + 3y = -15\sin 2x - 10\cos 2x$

(10) $y'' - y' - 2y = -14\sin 3x + 8\cos 3x$

(11) $y'' + 5y' + 6y = -28\sin 2x + 16\cos 2x$

(12) $y'' - 4y' + 3y = 8\sin x - 6\cos x$

14. 次の微分方程式を解け 〈§1.7〉.

(1) $y'' - 4y' = -8x + 6$ (2) $3y'' - y' = x - 4$

(3) $y'' - 3y' + 2y = 3e^{2x}$ (4) $y'' + 2y' - 3y = 8e^x$

(5) $y'' + 4y = -4\sin 2x + 4\cos 2x$ (6) $y'' + 9y = -6\sin 3x + 6\cos 3x$

15. 次の微分方程式の特性方程式を答えよ 〈§1.8〉.

(1) $2y' = 0$ (2) $y'' = 0$

(3) $y''' - y'' + 4y' + y = 0$ (4) $3y^{(4)} + y'' - 2y = 0$

16. 次を特性方程式とする定数係数同次形常微分方程式を答えよ．ただし x の関数 y についての常微分方程式であるとする 〈§1.8〉．

(1) $t = 0$ (2) $t^2 + t + 1 = 0$

(3) $4t^3 + 2t^2 + t - 5 = 0$ (4) $t^4 - t^3 + 3t^2 - 3t = 0$

17. 次の微分方程式を解け．ただし y は x の関数であるとする 〈§1.8〉．

(1) $y'' = 0$ (2) $y^{(3)} = 0$

(3) $y^{(4)} = 0$ (4) $y^{(5)} = 0$

18. 次を特性方程式とする定数係数同次形常微分方程式の一般解を求めよ．ただし x の関数 y についての常微分方程式であるとする 〈§1.8〉．

(1) $t^2 = 0$ (2) $t^3 = 0$

(3) $t - 1 = 0$ (4) $(t-2)^2 = 0$

(5) $(t-2)^3 = 0$ (6) $(t-3)^4 = 0$

(7) $(t-1)(t-3)(t-5) = 0$ (8) $t(t+1)(t+2) = 0$

(9) $(t-1)^2(t+3) = 0$ (10) $t^3 - t^2 - 4t + 4 = 0$

19. 次の微分方程式を解け 〈§1.8〉．

(1) $y''' - y' = 0$ (2) $y''' - y'' - 2y' = 0$

(3) $y''' + 3y'' = 0$ (4) $y^{(4)} - y''' = 0$

20. 次の微分方程式を解け 〈§1.7, §1.8〉．

(1) $y''' - y'' - 2y' = 1$ (2) $y''' - y' = x^2 + x + 1$

(3) $y''' - y'' - 4y' + 4y = -3e^{-x}$

21. 次の関係を微分方程式で表せ．ここで時刻を t とする 〈§1.1〉．

問題 A

(1) コンデンサを接続した回路の電流 i は，端子間電圧 v の時間変化率に比例する（比例定数をキャパシタンス（静電容量）C とする）．

(2) コイルの端子間電圧 v は，電流 i の時間変化率に比例する（比例定数をインダクタンス L とする）．

22. 放射性物質が自然崩壊する速さは各時刻 t（単位 [年]）での残存量 y に比例する．ある放射性物質の半減期（残存量が半分になるまでの時間）が 1000 年であるとき，次の問に答えよ〈§1.2〉．

(1) 比例定数を k ($k < 0$) として，y と t の関係を微分方程式で表せ．

(2) 比例定数 k の値を求めよ．ただし $\log 2 = 0.6931$ とする．

(3) ある放射性物質の量がもとの 2% の量になるまで何年かかるか．ただし $\log 0.02 = -3.912$ とする．

23. 底面積 S の水槽の側面最下部に，面積 a の穴が開いている．穴から速度 v で水槽内の水が流出するとき，液面の高さ z，流出速度 v，時刻 t は次の関係を満たす（高さ z は穴の直径より十分大きいとする）．

$$-\frac{dz}{dt} = \frac{va}{S} \quad (v = \sqrt{2gz}：トリチェリの公式)$$

時刻 $t = 0$ で $z = 1$ をみたすとき，$\sqrt{z}$ を変数 t，定数 S, a, g で表せ〈§1.2〉．

24. 抵抗 R，コイル（インダクタンス）L，起電力を直列接続する（R, L：定数）．起電力を $E \sin \omega t$（E：定数）とし，回路のスイッチを閉じた時刻を $t = 0$ とすれば，電流 $I(t)$ は次の微分方程式をみたす．

$$L\frac{dI}{dt} + RI = E \sin \omega t$$

このとき電流 $I(t)$ を t の関数で表せ．ただし初期条件を $I(0) = 0$ とする〈§1.4〉．

25. 単振動の方程式 $\frac{d^2y}{dx^2} = -\omega^2 y$ ($\omega > 0$：定数) について，次の問に答えよ．ここで y は，恒等的には 0 でない関数とする〈§1.6〉．

(1) 特性方程式を答えよ．

(2) 特性方程式の解を求めよ．

(3) 単振動の方程式の一般解を求めよ．

問題 B

1. 一直線上を等加速度 a で運動する物体の，時刻 t における位置座標を y とする．時刻 $t = 0$ のとき原点 $y = 0$ に物体があるとし，次の問に答えよ〈§1.1〉．

(1) y と a の関係を微分方程式で表せ．

(2) 時刻 t における物体の速度 v を求めよ．ただし初速度（時刻 $t = 0$ での速度）を v_0 とする．

(3) 時刻 t における物体の位置座標 y を求めよ．ただし初速度を v_0 とする．

(4) 初速度 $v_0 = 0$ のとき，時刻 t における物体の速度 v を求めよ．

(5) 初速度 $v_0 = 0$ のとき，時刻 t における物体の位置座標 y を求めよ．

2. 定数 $a, b, c > 0$ を消去し，次式を表す微分方程式を求めよ〈§1.1〉．

(1) $y^2 = ax^2 + b$　　　　　(2) $y = a\sin(x+b)$

(3) $y = a\cos(x+b)$　　　　(4) $(x-a)^2 + (y-b)^2 = c^2$

3. 次の微分方程式の一般解を求めよ〈§1.2〉．

(1) $\dfrac{2y}{y^2-1}dy = \dfrac{4x}{x^2-2}dx$　　(2) $2x(x^2+1)y\,dy = (y^2+1)\,dx$

(3) $y'\operatorname{cosec} x = \sec y$　　(4) $y' = \dfrac{1}{2y(x^2+1)}$

4. 曲線 $y = f(x)$ $(y > 0)$ 上の点 P における接線および法線が x 軸と交わる点をそれぞれ T, N とする．また点 P から x 軸へ下ろした垂線の足を M とするとき，次の曲線を求めよ．ここで TM を接線影，MN を法線影という〈§1.2〉．

(1) 接線影の長さが一定値 k の曲線．

(2) 法線影の長さが一定値 k の曲線．

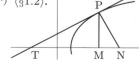

問題 B

(3) 接線影の長さが，接点 P の x 座標の 2 倍である曲線.

5. 次の微分方程式を括弧内の変数変換によって解け 〈§1.2〉.

  (1) $2x + 2y + 1 + (3x + 3y - 1)y' = 0 \quad [x + y = u]$

  (2) $x + 2y + 2 + (2x + 4y - 3)y' = 0 \quad [x + 2y - 1 = u]$

6. 同次形微分方程式 $\dfrac{dy}{dx} = f\left(\dfrac{y}{x}\right)$ は，$v = \dfrac{y}{x}$ とおくと変数分離形へ変形されることを示せ 〈§1.3〉.

7. 次の微分方程式を解け 〈§1.3〉.

  (1) $y' = \dfrac{y^2 + 2xy - 2x^2}{3x^2}$ (2) $-4x + y + (x + 2y)y' = 0$

  (3) $4xyy' + x^2 - y^2 = 0$

8. 同次形微分方程式 $\dfrac{dy}{dx} = f\left(\dfrac{ax + by + c}{px + qy + r}\right)$ $(aq - bp \neq 0.\ a, b, c, p, q, r$ は定数$)$ に対し，$ax + by + c = 0,\ px + qy + r = 0$ の解を $x = \alpha,\ y = \beta$ とする．このとき $x = X + \alpha,\ y = Y + \beta$ とおき，さらに $v = \dfrac{Y}{X}$ とおき，次の微分方程式を解け 〈§1.3〉.

  (1) $y' = \dfrac{x - 2y + 1}{-y + 1}$ (2) $y' = \dfrac{x - y + 1}{x + y - 3}$

9. 次の微分方程式を解け 〈§1.4〉.

  (1) $(x^2 + 1)y' + 2xy = 1$ (2) $(x^2 + x + 1)y' + (2x + 1)y = x$

  (3) $y' - 2y = \cos x$ (4) $y' + 2y \tan x = \sin x$

10. 次の微分方程式を解け 〈§1.5〉.

  (1) $(x + y)(x + 3y)\,dx + 2(x - y)(x + 4y)\,dy = 0$

  (2) $(e^x + x \log y)\,dx + \left(e^y + \dfrac{x^2}{2y}\right) dy = 0$

(3) $(\cos x + \sin y)\,dx + x\cos y\,dy = 0$

(4) $\left(1 - \dfrac{y}{x^2}\right) dx + \left(y + \dfrac{1}{x}\right) dy = 0$

11. 次の微分方程式を解け 〈§1.6〉.

(1) $2y'' - 3y' + y = 0$ (2) $2y'' + y' - 6y = 0$

(3) $y'' - 5y' + y = 0$ (4) $y'' - 6y' - 2y = 0$

(5) $4y'' + 4y' + y = 0$ (6) $9y'' - 6y' + y = 0$

(7) $y'' + 2\sqrt{3}y' + 3y = 0$ (8) $y'' - 2\sqrt{5}y' + 5y = 0$

(9) $2y'' - 3y' + 3y = 0$ (10) $3y'' - 4y' + 2y = 0$

12. 次の微分方程式を解け 〈§1.7〉.

(1) $2y'' + 5y' + 2y = x^2$ (2) $y'' + 2y' + 5y = 5x + 1$

(3) $2y'' + y' = 3x^2 + 14x + 4$ (4) $y'' + \pi y' = 4\pi x + \pi + 4$

(5) $2y'' + 3y' + y = 3e^x$ (6) $3y'' - 2y' - y = 5e^{2x}$

(7) $4y'' - y = 6e^{\frac{1}{2}x}$ (8) $y'' + 3\sqrt{2}y' + 4y = \sqrt{2}e^{-\sqrt{2}x}$

(9) $y'' - 2y' + y = \sin x$ (10) $y'' - 9y = 12\cos 3x$

(11) $9y'' + 4y = -3\sin\dfrac{2}{3}x - 3\cos\dfrac{2}{3}x$

(12) $2y'' + y = 2\sqrt{2}\cos\dfrac{1}{\sqrt{2}}x - \sqrt{2}\sin\dfrac{1}{\sqrt{2}}x$

13. 次の微分方程式を解け 〈§1.8〉.

(1) $y''' - 2y'' - y' + 2y = 0$ (2) $y''' - 7y' + 6y = 0$

(3) $2y''' - 3y'' - 3y' + 2y = 0$ (4) $y''' - 5y'' + 7y' - 3y = 0$

(5) $y''' + 3y'' + 3y' + y = 0$ (6) $y''' - 6y'' + 12y' - 8y = 0$

(7) $y''' + y = 0$ (8) $y''' - y = 0$

問題 B

14. 次の微分方程式を解け 〈§1.7, §1.8〉.

(1) $y'' + 3y' + 2y = e^x + 2x + 2$　　(2) $y'' - 5y' + 6y = e^{-x} + 10\sin x$

(3) $y'' - 2y' + y = e^x$

（**ヒント**：e^x の指数の係数が，特性方程式の重解に一致する．特殊解を $y = Ax^2 e^x$ とする）

(4) $y'' + 3y' + 2y = -10 e^x \cos x$

（**ヒント**：特殊解を $y = e^x(A\sin x + B\cos x)$ とする）

15. 次の微分方程式を解け 〈§1.4〉.

(1) $xy' + (1-x)y = x^2 y^2$　　(2) $y' + y = xy^3$

（**ヒント**：ベルヌーイ型 $y' + P(x)y = Q(x)y^n$ である．$u = y^{1-n}$ $(n \neq 0, 1)$ とおく）

16. リッカチ方程式 $y' + P(x)y^2 + Q(x)y + R(x) = 0$ は，特殊解 y_1 が得られた場合，$y = y_1 + u$ とおき一般解を求めることができる（ベルヌーイ型へ変形することができる（前問 15 参照））．この性質を利用し，次の微分方程式を解け 〈§1.4〉.

(1) $y' - y^2 + 3y - 2 = 0$　　　　（**ヒント**：$y = 1$ は特殊解）

(2) $y' + xy^2 + (2x+2)y + x + 2 = 0$　　（**ヒント**：$y = -1$ は特殊解）

17. 微分方程式 $P(x,y)dx + Q(x,y)dy = 0$ の両辺へある関数 λ を掛けると，完全微分形へ帰着できる場合がある．関数 λ を積分因子といい，たとえば次の場合がある．

(a) $\dfrac{1}{Q}\left(\dfrac{\partial P}{\partial y} - \dfrac{\partial Q}{\partial x}\right) = \phi(x)$ （x のみの関数）のとき，$\lambda = e^{\int \phi(x)dx}$

(b) $\dfrac{1}{P}\left(\dfrac{\partial P}{\partial y} - \dfrac{\partial Q}{\partial x}\right) = \psi(y)$ （y のみの関数）のとき，$\lambda = e^{-\int \psi(y)dy}$

(c) $P(x,y) = (\alpha x^p y^q + \beta x^r y^s)y$, $Q(x,y) = (\gamma x^p y^q + \delta x^r y^s)x$

$(\alpha\delta - \beta\gamma \neq 0)$ のとき，$\lambda = x^m y^n$ $\left(\text{条件}\dfrac{\partial(x^m y^n P)}{\partial y} = \dfrac{\partial(x^m y^n Q)}{\partial x}\text{をみたすように，}m, n \text{を定める}\right)$

これらを利用し次の微分方程式の一般解を求めよ 〈§1.5〉.

(1) $(xy+1)dx + x(x+y)dy = 0$ (2) $3y^2 dx + (3xy + 2y^2)dy = 0$

(3) $(2x^2 - y^2)ydx + (x^2 - 2y^2)xdy = 0$

(4) $(4x + 3y^3)ydx + (2x + 5y^3)xdy = 0$

18. クレロー型微分方程式 $y = xp + f(p)$ について次の問に答えよ．ここで $\dfrac{dy}{dx} = p$ とする．

(1) $\dfrac{dp}{dx} = 0$ または $x + f'(p) = 0$ が成り立つことを示せ．

(2) $\dfrac{dp}{dx} = 0$ のとき一般解は $y = Cx + f(C)$ （C：定数）となることを示せ．

(3) $x + f'(p) = 0$ に対し p を消去して得られる解を，特異解という．クレロー型微分方程式 $y = xp + (1+p^2)^{\frac{1}{2}}$ の一般解と特異解を求めよ．

19. 質量 m の物体が重力加速度 g の空間を落下している．時刻 t における速度を v，空気抵抗を kv （$k > 0$ は定数）とすると，次の微分方程式が成り立つ．

$$m\frac{dv}{dt} = mg - kv$$

初速度（時刻 $t = 0$ での速度）を 0 とするとき，次の問に答えよ．

(1) 速度 v を t の関数で表せ．

(2) 時刻 $t = 0$ における物体の位置を 0 とする．このとき時刻 t での位置 y を，t の関数で表せ．

20. 2 点で支えられ，たわんでいる糸の形は次の微分方程式で表される．

$$k\frac{d^2y}{dx^2} = \sqrt{1 + \left(\frac{dy}{dx}\right)^2} \quad :\text{懸垂線の微分方程式}$$

ただし x：微小部分の水平位置座標，y：微小部分の高さ，g：重力加速度，ρ：単位長あたりの糸の質量（定数），$k = A/\rho g$，A：張力の水平方向成分（A は定数であることが知られている）とする．この微分方程式について次の問に答えよ．

(1) $\dfrac{dy}{dx} = p$ とおき，x と p の変数分離形微分方程式へ変形せよ．

(2) p を x の関数で表せ．

(3) y を x の関数で表せ．

21. 質量 6 [kg] の物体がバネ定数 $k = 24$ [N/m] のバネに付けられている．時刻 $t = 0$ のとき物体は静止状態であるとする．時刻 $t > 0$ のとき物体へ外力 $3\sin t$ を加えると，時刻 $t = 0$ からの物体の変位 x がみたす運動方程式は次のとおりである．

$$6\frac{d^2x}{dt^2} + 24x = 3\sin t$$

このとき変位 x を t の関数で表せ．

22. 次の連立微分方程式を解け（x，y をそれぞれ t の関数とする）．
（**ヒント**：一方の式を "$x = (y\,$の関数$)$" または "$y = (x\,$の関数$)$" へ変形する．次に dx/dt または dy/dt を計算する．計算結果を他方の式へあてはめ，y の微分方程式または x の微分方程式を解く）

(1) $\begin{cases} \dfrac{dx}{dt} + x + y = 0 \\ \dfrac{dy}{dt} + 6x + 2y = 0 \end{cases}$

(2) $\begin{cases} \dfrac{dx}{dt} + \dfrac{dy}{dt} + x + y = 0 \\ \dfrac{dy}{dt} - x + 2y = 0 \end{cases}$

23. 次の連立微分方程式を解け（x，y をそれぞれ t の関数とする）．ただし下記手順に従うこと．

手順：(i) dx/dt，d^2x/dt^2，dy/dt，d^2y/dt^2 をそれぞれ Dx，D^2x，Dy，D^2y とおく．

(ii) x，y で整理する．

(iii) 加減法または代入法により x，y の一方を消去する．

(iv) 消去しなかった文字を t の関数で表す．

(v) 他方の文字を t の関数で表す．

(**注意**：$D = d/dt$ を微分演算子という)

(1) $\begin{cases} \dfrac{dx}{dt} - x + 2y = 4 \\ -\dfrac{dy}{dt} + x - y = -3 \end{cases}$

(2) $\begin{cases} \dfrac{dx}{dt} + \dfrac{dy}{dt} + 4y = 1 + 4t \\ \dfrac{dx}{dt} - 2\dfrac{dy}{dt} - x - y = 1 - t \end{cases}$

第2章 フーリエ級数とフーリエ変換

§2.1 フーリエ級数

三角関数の積の積分

(1) $\displaystyle\int_{-\pi}^{\pi} \cos mx \cos nx\, dx = \begin{cases} 0 & (m \neq n) \\ \pi & (m = n) \end{cases}$

(2) $\displaystyle\int_{-\pi}^{\pi} \sin mx \sin nx\, dx = \begin{cases} 0 & (m \neq n) \\ \pi & (m = n) \end{cases}$

(3) $\displaystyle\int_{-\pi}^{\pi} \sin mx \cos nx\, dx = 0$ (4) $\displaystyle\int_{-\pi}^{\pi} 1\, dx = 2\pi$

(5) $\displaystyle\int_{-\pi}^{\pi} \cos nx\, dx = 0$ (6) $\displaystyle\int_{-\pi}^{\pi} \sin nx\, dx = 0$

（m, n は自然数）

フーリエ級数展開（周期 2π）

$$f(x) = \frac{a_0}{2} + a_1 \cos x + a_2 \cos 2x + \cdots + b_1 \sin x + b_2 \sin 2x + \cdots$$
$$= \frac{a_0}{2} + \sum_{n=1}^{\infty}(a_n \cos nx + b_n \sin nx)$$

フーリエ係数 a_0, a_n, b_n は次で定められる．

$$a_0 = \frac{1}{\pi}\int_{-\pi}^{\pi} f(x)\, dx$$
$$a_n = \frac{1}{\pi}\int_{-\pi}^{\pi} f(x)\cos nx\, dx \quad (n = 1, 2, \cdots)$$
$$b_n = \frac{1}{\pi}\int_{-\pi}^{\pi} f(x)\sin nx\, dx \quad (n = 1, 2, \cdots)$$

偶関数と奇関数
関数 $f(x)$ が
  偶関数 $\iff$ $f(-x) = f(x)$ $\iff$ $y = f(x)$ のグラフは y 軸対称
  奇関数 $\iff$ $f(-x) = -f(x)$ $\iff$ $y = f(x)$ のグラフは原点対称

フーリエ余弦級数（周期 2π）

偶関数 $f(x)$ に対し

$$f(x) = \frac{a_0}{2} + a_1 \cos x + a_2 \cos 2x + \cdots$$
$$= \frac{a_0}{2} + \sum_{n=1}^{\infty} a_n \cos nx$$

フーリエ係数は

$$a_0 = \frac{2}{\pi} \int_0^\pi f(x) dx$$
$$a_n = \frac{2}{\pi} \int_0^\pi f(x) \cos nx \, dx \quad (n = 1, 2, \cdots)$$

フーリエ正弦級数（周期 2π）

奇関数 $f(x)$ に対し

$$f(x) = b_1 \sin x + b_2 \sin 2x + \cdots$$
$$= \sum_{n=1}^{\infty} b_n \sin nx$$

フーリエ係数は

$$b_n = \frac{2}{\pi} \int_0^\pi f(x) \sin nx \, dx \quad (n = 1, 2, \cdots)$$

§**2.1** フーリエ級数

フーリエ級数展開（周期 $2L$）

$$f(x) = \frac{a_0}{2} + a_1 \cos\frac{\pi}{L}x + a_2 \cos\frac{2\pi}{L}x + \cdots + b_1 \sin\frac{\pi}{L}x + b_2 \sin\frac{2\pi}{L}x + \cdots$$
$$= \frac{a_0}{2} + \sum_{n=1}^{\infty}\left(a_n \cos\frac{n\pi}{L}x + b_n \sin\frac{n\pi}{L}x\right)$$

フーリエ係数 a_0, a_n, b_n は次で定められる．

$$a_0 = \frac{1}{L}\int_{-L}^{L} f(x)dx$$
$$a_n = \frac{1}{L}\int_{-L}^{L} f(x)\cos\frac{n\pi}{L}x\,dx \quad (n=1,2,\cdots)$$
$$b_n = \frac{1}{L}\int_{-L}^{L} f(x)\sin\frac{n\pi}{L}x\,dx \quad (n=1,2,\cdots)$$

フーリエ余弦級数（周期 $2L$）

偶関数 $f(x)$ に対し

$$f(x) = \frac{a_0}{2} + a_1\cos\frac{\pi}{L}x + a_2\cos\frac{2\pi}{L}x + \cdots$$
$$= \frac{a_0}{2} + \sum_{n=1}^{\infty} a_n\cos\frac{n\pi}{L}x$$

フーリエ係数は

$$a_0 = \frac{2}{L}\int_0^L f(x)dx$$
$$a_n = \frac{2}{L}\int_0^L f(x)\cos\frac{n\pi}{L}x\,dx \quad (n=1,2,\cdots)$$

フーリエ正弦級数（周期 $2L$）

奇関数 $f(x)$ に対し

$$f(x) = b_1\sin\frac{\pi}{L}x + b_2\sin\frac{2\pi}{L}x + \cdots$$

$$= \sum_{n=1}^{\infty} b_n \sin \frac{n\pi}{L} x$$

フーリエ係数は

$$b_n = \frac{2}{L} \int_0^L f(x) \sin \frac{n\pi}{L} x dx \quad (n = 1, 2, \cdots)$$

複素形フーリエ級数（周期 $2L$）

$$f(x) = \sum_{n=-\infty}^{\infty} c_n e^{i\frac{n\pi}{L}x}$$

フーリエ係数 c_n は次で定められる．

$$c_n = \frac{1}{2L} \int_{-L}^{L} f(x) e^{-i\frac{n\pi}{L}x} dx \quad (n = 0, \pm 1, \pm 2, \cdots)$$

§2.2　三角関数とベクトルの比較

2 乗可積分関数（L^2 関数）

区間 $[a, b]$ 上の関数 $f(x)$ が

$$\int_a^b |f(x)|^2 \, dx < \infty$$

をみたすとき，$f(x)$ を 2 乗可積分関数（L^2 関数）という．

関数 f, g の内積 (f, g)

実数値の 2 乗可積分関数（L^2 関数）f, g の内積 (f, g) を次で定義する．

$$(f, g) = \int_a^b f(x)g(x)dx$$

（複素数値関数の場合，$g(x)$ の換わりに共役複素数 $\overline{g(x)}$ を用いる）．

§2.2 三角関数とベクトルの比較

関数 f, g の直交性

$$(f, g) = 0$$

のとき関数 f と g は互いに直交するという.

直交関数系

区間 $[a, b]$ 上の関数列 $\{f_1(x), f_2(x), \cdots\}$ が

$$i \neq j \text{ のとき } (f_i, f_j) = 0$$

をみたすとき,関数列 $\{f_1(x), f_2(x), \cdots\}$ を区間 $[a, b]$ 上の直交関数系という.

例

(1) 関数列 $\{1, \cos x, \cos 2x, \cdots, \sin x, \sin 2x, \cdots\}$ は区間 $[-\pi, \pi]$ 上の直交関数系である.

(2) 関数列 $\left\{1, x, x^2 - \dfrac{1}{3}\right\}$ は区間 $[-1, 1]$ 上の直交関数系である.

正規直交関数系

区間 $[a, b]$ 上の関数列 $\{f_1(x), f_2(x), \cdots\}$ が

$$(f_i, f_j) = \begin{cases} 1 & (i = j) \\ 0 & (i \neq j) \end{cases}$$

をみたすとき,関数列 $\{f_1(x), f_2(x), \cdots\}$ を区間 $[a, b]$ 上の正規直交関数系という.

例

(1) 関数列 $\left\{\dfrac{1}{\sqrt{2\pi}}, \dfrac{1}{\sqrt{\pi}}\cos x, \dfrac{1}{\sqrt{\pi}}\cos 2x, \cdots, \dfrac{1}{\sqrt{\pi}}\sin x, \dfrac{1}{\sqrt{\pi}}\sin 2x, \cdots\right\}$ は区間 $[-\pi, \pi]$ 上の正規直交関数系である.

(2) 関数列 $\left\{\dfrac{1}{\sqrt{2}}, \sqrt{\dfrac{3}{2}}x, \dfrac{3\sqrt{10}}{4}\left(x^2 - \dfrac{1}{3}\right)\right\}$ は区間 $[-1,1]$ 上の正規直交関数系である（参考：問題 B，問 18）．

§2.3 フーリエ級数の性質

┌ フーリエ級数の収束 ─

周期関数 $f(x)$ が 2 乗可積分関数であり，$f(x)$ と $f'(x)$ が区分的に連続であるならば，

(i) $f(x)$ が $x = x_0$ で連続のとき，$f(x)$ のフーリエ級数展開の $x = x_0$ での値は $f(x_0)$ へ収束する．

(ii) $f(x)$ が $x = x_0$ で不連続のとき，$f(x)$ のフーリエ級数展開の $x = x_0$ での値は

$$\frac{1}{2}(f(x_0 + 0) + f(x_0 - 0))$$

（右極限と左極限の平均値）へ収束する．

関数 $f(x)$ が区分的に連続

任意の有限閉区間において有限個の点を除き関数 $f(x)$ が連続であり，不連続点での $f(x)$ の値に右極限・左極限が存在するとき，関数 $f(x)$ は区分的に連続であるという．

┌ フーリエ級数展開の値が収束 ─

関数（周期 2π）のフーリエ級数展開の有限和

$$\frac{a_0}{2} + a_1 \cos x + a_2 \cos 2x + \cdots + a_N \cos Nx + b_1 \sin x + b_2 \sin 2x$$
$$+ \cdots + b_N \sin Nx$$
$$= \frac{a_0}{2} + \sum_{n=1}^{N}(a_n \cos nx + b_n \sin nx) \quad (N：自然数)$$

の各 x での値が，$N \to \infty$ において有限の値へ近づくとき，フーリエ級数展開の値は収束するという（周期 $2L$ の場合も同様である）．

フーリエ級数による等式の証明

（手順 1）　証明すべき等式の各項に似た係数をもつ，フーリエ級数展開を探す．

（手順 2）　フーリエ級数展開する前後の関数それぞれに，$x = 0, \pi/2, \pi$（$x = 0, L/2, L$（$2L$：周期））などを代入する．

（手順 3）　証明すべき等式へ変形する（変形不可能な場合は，x へ代入する値を変えたり，別のフーリエ級数展開の利用を試みたりする）．

> **パーセバルの等式（フーリエ級数に関する）**
>
> 周期 2π の関数 $f(x)$ が 2 乗可積分関数であり，$f(x)$ と $f'(x)$ が区分的に連続であるとき
>
> $$\frac{1}{\pi}\int_{-\pi}^{\pi}\{f(x)\}^2 dx = \frac{a_0^2}{2} + \sum_{n=1}^{\infty}(a_n^2 + b_n^2)$$
>
> が成り立つ．

§2.4　偏微分方程式の解法（フーリエ級数の利用）

> **偏微分方程式の例（境界が固定されている場合）**
>
> (1) 熱方程式
>
> $$\frac{\partial y}{\partial t} = \kappa \frac{\partial^2 y}{\partial x^2} \quad (0 \leq x \leq L, t \geq 0) \quad (\kappa > 0 : 定数（熱伝導率））$$
>
> 境界条件：$y(0,t) = y(L,t) = 0$
>
> 初期条件：$y(x,0) = f(x)$（有限区間について表示）
>
> (2) 波動方程式
>
> $$\frac{\partial^2 y}{\partial t^2} = c^2 \frac{\partial^2 y}{\partial x^2} \quad (0 \leq x \leq L, t \geq 0) \quad (c > 0 : 定数（伝搬速度））$$
>
> 境界条件：$y(0,t) = y(L,t) = 0$
>
> 初期条件：$y(x,0) = f(x)$（有限区間について表示），$y_t(x,0) = 0$
>
> $(y_t = \partial y/\partial t)$

偏微分方程式の解法（上記の例の場合）

（手順 1）　$y(x,t) = X(x)T(t)$ の形の解を求める（変数分離法の利用，境界条件の利用）．

（手順 2）　手順 1 で求めた解の重ね合わせを，文字係数を利用して表す．

（手順 3）　初期条件のフーリエ正弦級数展開（周期 $2L$）と係数比較する．

（手順 4）　手順 2 の文字係数を具体的に表し，求める解とする．

§2.5　フーリエ変換

フーリエ変換

$$F(\omega) = \frac{1}{\sqrt{2\pi}} \int_{-\infty}^{\infty} f(x) e^{-i\omega x} dx$$

フーリエ逆変換

$$f(x) = \frac{1}{\sqrt{2\pi}} \int_{-\infty}^{\infty} F(\omega) e^{i\omega x} d\omega$$

フーリエ余弦変換

偶関数 $f(x)$ に対し

$$C(\omega) = \sqrt{\frac{2}{\pi}} \int_{0}^{\infty} f(x) \cos \omega x \, dx : \text{フーリエ余弦変換}$$

$$f(x) = \sqrt{\frac{2}{\pi}} \int_{0}^{\infty} C(\omega) \cos \omega x \, d\omega : \text{フーリエ余弦逆変換}$$

フーリエ正弦変換

奇関数 $f(x)$ に対し

$$S(\omega) = \sqrt{\frac{2}{\pi}} \int_{0}^{\infty} f(x) \sin \omega x \, dx : \text{フーリエ正弦変換}$$

$$f(x) = \sqrt{\frac{2}{\pi}} \int_{0}^{\infty} S(\omega) \sin \omega x \, d\omega : \text{フーリエ正弦逆変換}$$

§2.6 フーリエ変換の性質

フーリエ変換の性質

(1) 線 形 性
$$\mathcal{F}[af(x)+bg(x)] = aF(\omega)+bG(\omega)$$

(2) 原関数の平行移動（時間軸の推移）
$$\mathcal{F}[f(x-a)] = e^{-i\omega a}F(\omega)$$

(3) 像関数の平行移動（周波数の変調）
$$\mathcal{F}[e^{iax}f(x)] = F(\omega-a)$$

(4) 相 似 性
$$\mathcal{F}[f(ax)] = \frac{1}{|a|}F\left(\frac{\omega}{a}\right) \qquad (a\neq 0)$$

(5) 対 称 性
$$\mathcal{F}[F(x)] = f(-\omega)$$

(6) 原関数の微分
$$\mathcal{F}[f'(x)] = i\omega F(\omega) \qquad \left(\lim_{x\to\pm\infty} f(x)=0 \text{ のとき}\right)$$

(7) 像関数の微分
$$\mathcal{F}[-ixf(x)] = F'(\omega) \qquad \left(\lim_{\omega\to\pm\infty} F(\omega)=0 \text{ のとき}\right)$$

（a,b：(2)〜(7)については実数定数．(1)については実数定数または複素数定数．）

合成積のフーリエ変換

関数 $f(x)$, $g(x)$ の合成積（たたみ込み積分）

$$f(x) * g(x) = \int_{-\infty}^{\infty} f(\tau)g(x-\tau)d\tau$$

のフーリエ変換は

$$\mathcal{F}[f(x) * g(x)] = \sqrt{2\pi}F(\omega)G(\omega)$$

パーセバルの等式（フーリエ変換に関する）

$$\int_{-\infty}^{\infty} |f(x)|^2 dx = \int_{-\infty}^{\infty} |F(\omega)|^2 d\omega$$

フーリエ変換の例

ガウス分布：e^{-ax^2} $(a>0)$ $\longrightarrow$ $F[e^{-ax^2}] = \dfrac{1}{\sqrt{2a}} e^{-\frac{\omega^2}{4a}}$ （ガウス分布）

デルタ関数：$\delta(x-a)$ $\longrightarrow$ $\mathcal{F}[\delta(x-a)] = \dfrac{1}{\sqrt{2\pi}} e^{-i\omega a}$

指 数 関 数：e^{iax} $\longrightarrow$ $\mathcal{F}[e^{iax}] = \sqrt{2\pi}\delta(\omega-a)$

余 弦 関 数：$\cos ax$ $\longrightarrow$ $\mathcal{F}[\cos ax] = \sqrt{\dfrac{\pi}{2}}\{\delta(\omega-a) + \delta(\omega+a)\}$

（フーリエ余弦変換：$C(\omega) = \sqrt{\dfrac{\pi}{2}}\{\delta(\omega-a) + \delta(\omega+a)\}$）

正 弦 関 数：$\sin ax$ $\longrightarrow$ $\mathcal{F}[\sin ax] = -i\sqrt{\dfrac{\pi}{2}}\{\delta(\omega-a) - \delta(\omega+a)\}$

（フーリエ正弦変換：$S(\omega) = \sqrt{\dfrac{\pi}{2}}\{\delta(\omega-a) - \delta(\omega+a)\}$）

§2.7 偏微分方程式の解法（フーリエ変換の利用）

偏微分方程式の例（固定されていない境界をもつ場合）

(1) 熱方程式

$$\frac{\partial y}{\partial t} = \kappa \frac{\partial^2 y}{\partial x^2} \quad (x \geq 0, t \geq 0) \quad (\kappa > 0：定数（熱伝導率))$$

$$境界条件：y(0, t) = 0$$

$$初期条件：y(x, 0) = f(x) \quad （周期なし）$$

(2) 波動方程式

$$\frac{\partial^2 y}{\partial t^2} = c^2 \frac{\partial^2 y}{\partial x^2} \quad (x \geq 0, t \geq 0) \quad (c > 0：定数（伝搬速度))$$

$$境界条件：y(0, t) = 0$$

$$初期条件：y(x, 0) = f(x) \quad （周期なし），\quad y_t(x, 0) = 0 \quad (y_t = \partial y/\partial t)$$

偏微分方程式の解法（上記の例の場合）

（手順1） $y(x, t) = X(x)T(t)$ の形の解を求める（変数分離法の利用，境界条件の利用）．

（手順2） 手順1で求めた解の重ね合わせを，文字係数と積分を利用して書く．

（手順3） 初期条件のフーリエ正弦変換と係数比較しやすいように，変形する．

（手順4） 積分表示が同じになるように，手順2の文字係数を具体的に表し，求める解とする．

問題 A

1. 定積分 $\int_{-\pi}^{\pi} \sin mx \sin nx \, dx$ の値を求めよ（m, n は自然数）〈§2.1〉.

2. 次の数列の第 n 項を n を用いて表せ〈§2.1〉.
(1) $-1, 1, -1, 1, -1, 1, \cdots$ (2) $1, -1, 1, -1, 1, -1, \cdots$

3. 次の三角比の値を求めよ．ただし小問により，三角比の値を n または k で表せ〈§2.1〉.

(1) $\cos 0$ (2) $\cos \pi$

(3) $\cos n\pi$ （n は正の偶数） (4) $\cos n\pi$ （n は正の奇数）

(5) $\cos n\pi$ （n は自然数） (6) $\sin 0$

(7) $\sin \pi$ (8) $\sin n\pi$ （n は自然数）

(9) $\cos \dfrac{\pi}{2}$ (10) $\cos \dfrac{3\pi}{2}$

(11) $\cos \dfrac{n\pi}{2}$ （$n = 2k-1$．k は自然数）

(12) $\sin \dfrac{\pi}{2}$

(13) $\sin \dfrac{3\pi}{2}$ (14) $\sin \dfrac{5\pi}{2}$

(15) $\sin \dfrac{n\pi}{2}$ （$n = 2k-1$．k は自然数）

4. 次の定積分を計算せよ（n は自然数）〈§2.1〉.
(1) $\int_{-\pi}^{\pi} x \sin nx \, dx$ (2) $\int_{-\pi}^{\pi} x \cos nx \, dx$

5. 次の関数は偶関数・奇関数のいずれであるかを理由とともに答えよ〈§2.1〉.

(1) $f(x) = x$ (2) $f(x) = x^3$

(3) $f(x) = x^2$ (4) $f(x) = \sin x$

(5) $f(x) = \cos x$ (6) $f(x) = |x|$

6. 周期 2π の次の関数 $f(x)$ をフーリエ級数展開せよ．また $y = f(x)$ のグラフを描き，偶関数・奇関数・どちらでもない関数のいずれであるかを答えよ．ただし $f(x)$ は 1 周期について示されたものである〈§2.1〉．

(1) $f(x) = \begin{cases} x & (0 \leq x \leq \pi) \\ 0 & (-\pi < x < 0) \end{cases}$ (2) $f(x) = \begin{cases} 0 & (0 \leq x \leq \pi) \\ -x & (-\pi < x < 0) \end{cases}$

(3) $f(x) = \begin{cases} 1 & (0 < x < \pi) \\ 0 & (x = -\pi, 0, \pi) \\ -1 & (-\pi < x < 0) \end{cases}$ (4) $f(x) = \begin{cases} x & (0 \leq x \leq \pi) \\ -x & (-\pi \leq x < 0) \end{cases}$

(5) $f(x) = \begin{cases} \dfrac{1}{2}x & (0 \leq x \leq \pi) \\ -\dfrac{1}{2}x & (-\pi \leq x < 0) \end{cases}$ (6) $f(x) = \begin{cases} -x & (-\pi < x < \pi) \\ 0 & (x = -\pi, \pi) \end{cases}$

7. 次のように 1 周期について示された周期関数をフーリエ級数展開せよ．また $y = f(x)$ のグラフを描き，偶関数・奇関数・どちらでもない関数のいずれであるかを答えよ〈§2.1〉．

(1) $f(x) = 2|x|$ $(-1 \leq x \leq 1)$ (2) $f(x) = |x|$ $(-2 \leq x \leq 2)$

(3) $f(x) = \begin{cases} 1 & (0 < x < 2\pi) \\ 0 & (x = -2\pi, 0, 2\pi) \\ -1 & (-2\pi < x < 0) \end{cases}$

(4) $f(x) = \begin{cases} 2 & (0 < x < 3\pi) \\ 0 & (x = -3\pi, 0, 3\pi) \\ -2 & (-3\pi < x < 0) \end{cases}$

8. 次の等式を証明せよ〈§2.3〉．

$$1 - \frac{1}{2^2} + \frac{1}{3^2} - \frac{1}{4^2} + \cdots = \frac{\pi^2}{12}$$

（**ヒント**：周期 2π の関数 $g(x) = x^2$（$-\pi \leq x \leq \pi$）のフーリエ級数展開が，次式となることを利用する）

$$g(x) = \frac{\pi^2}{3} + 4\sum_{n=1}^{\infty} \frac{(-1)^n}{n^2} \cos nx$$

9. 関数 $X(x)$ についての常微分方程式

$$\frac{d^2 X}{dx^2} = \lambda X \quad (\lambda：実数定数)$$

について次の問に答えよ〈§2.4〉．

(1) 特性方程式を答えよ．また特性方程式の解を，λ の符号（正，0，負）により分類して答えよ．
(2) $\lambda > 0$ のとき常微分方程式の一般解を求めよ．
(3) $\lambda = 0$ のとき常微分方程式の一般解を求めよ．
(4) $\lambda < 0$ のとき常微分方程式の一般解を求めよ．

10. 次の偏微分方程式の解を求めよ〈§2.4〉．

(1) $\dfrac{\partial y}{\partial t} = \dfrac{1}{2}\dfrac{\partial^2 y}{\partial x^2} \quad (0 \le x \le 1, t \ge 0)$

境界条件：$y(0,t) = y(1,t) = 0$
初期条件：$y(x,0) = \sin \pi x + \dfrac{1}{3}\sin 3\pi x + \dfrac{1}{5}\sin 5\pi x$

(2) $\dfrac{\partial y}{\partial t} = 3\dfrac{\partial^2 y}{\partial x^2} \quad (0 \le x \le \pi, t \ge 0)$

境界条件：$y(0,t) = y(\pi,t) = 0$
初期条件：

$$y(x,0) = \begin{cases} \dfrac{1}{\pi}x & \left(0 \le x < \dfrac{\pi}{2}\right) \\ 1 - \dfrac{1}{\pi}x & \left(\dfrac{\pi}{2} \le x \le \pi\right) \end{cases}$$

（**ヒント**：初期条件の関数のフーリエ正弦級数展開は次式のとおり）

$$\sum_{k=1}^{\infty} (-1)^{k-1} \frac{4}{(2k-1)^2 \pi^2} \sin(2k-1)x$$

11. 次の関数のフーリエ変換を求めよ．また $y = f(x)$ のグラフを描き，偶関数・奇関数・どちらでもない関数のいずれであるかを答えよ〈§2.5〉．

(1) $f(x) = \begin{cases} 1 & (|x| < 3) \\ \dfrac{1}{2} & (x = -3, 3) \\ 0 & (|x| > 3) \end{cases}$ \quad (2) $f(x) = \begin{cases} 2 - x & (0 \leq x \leq 2) \\ 2 + x & (-2 \leq x < 0) \\ 0 & (その他) \end{cases}$

(3) $f(x) = \begin{cases} -x & (-1 \leq x \leq 1) \\ 0 & (その他) \end{cases}$ \quad (4) $f(x) = \begin{cases} 1 & (0 \leq x \leq 1) \\ 0 & (その他) \end{cases}$

12. 関数 $g(x)$ のフーリエ変換を次の方法でそれぞれ求めよ〈§2.5, §2.6〉.

$$g(x) = \begin{cases} 1 & (1 \leq x \leq 2) \\ 0 & (その他) \end{cases}$$

(1) フーリエ変換の定義にしたがって計算する.
(2) フーリエ変換の性質を前問 11 (4) の結果へ適用する.

13. 偏微分方程式

$$\frac{\partial y}{\partial t} = 3 \frac{\partial^2 y}{\partial x^2} \quad (x \geq 0, t \geq 0)$$

境界条件：$y(0, t) = 0$
初期条件：

$$y(x, 0) = \begin{cases} 1 & (0 \leq x \leq a) \\ 0 & (a < x) \end{cases} \quad (a > 0：定数)$$

の解を求めよ．ただし $y(x, t)$ は有界であるとする〈§2.7〉.

問題 B

1. 次の関数 $f(x)$ で表される波動の，基本波，第 3 次高調波，第 5 次高調波，第 2 次高調波，第 4 次高調波の成分をそれぞれ答えよ〈§2.1〉.

$$f(x) = \frac{4}{\pi} \sum_{k=1}^{\infty} \frac{1}{2k-1} \sin(2k-1)x$$

2. 周期 2π の関数

$$f(x) = \begin{cases} x & (0 \leq x \leq \frac{\pi}{2}) \\ -x + \pi & (\frac{\pi}{2} < x \leq \pi) \\ 0 & (-\pi \leq x < 0) \end{cases}$$

について次の問に答えよ〈§2.1〉.

(1) 次の積分の値を求めよ．ここで $n = 1, 2, \cdots$ とする.

(a) $\displaystyle\int_0^{\frac{\pi}{2}} f(x)\, dx$
(b) $\displaystyle\int_{\frac{\pi}{2}}^{\pi} f(x)\, dx$
(c) $\displaystyle\frac{1}{\pi}\int_{-\pi}^{\pi} f(x)\, dx$

(d) $\displaystyle\int_0^{\frac{\pi}{2}} f(x)\cos nx\, dx$
(e) $\displaystyle\int_{\frac{\pi}{2}}^{\pi} f(x)\cos nx\, dx$
(f) $\displaystyle\frac{1}{\pi}\int_{-\pi}^{\pi} f(x)\cos nx\, dx$

(g) $\displaystyle\int_0^{\frac{\pi}{2}} f(x)\sin nx\, dx$
(h) $\displaystyle\int_{\frac{\pi}{2}}^{\pi} f(x)\sin nx\, dx$
(i) $\displaystyle\frac{1}{\pi}\int_{-\pi}^{\pi} f(x)\sin nx\, dx$

(2) 関数 $f(x)$ のフーリエ級数展開を求めよ.

3. 次の関数は偶関数・奇関数のいずれであるかを，理由とともに答えよ．またその結果をもとに，$I = \displaystyle\int_{-\pi}^{\pi} f(x)\, dx$ の値が 0 となるか否かを答えよ〈§2.1〉.

(1) $f(x) = x \sin x$
(2) $f(x) = |x| \sin x$

(3) $f(x) = x \cos x$
(4) $f(x) = |x| \cos x$

4. 次の $y = f(x)$ のグラフで表される周期関数 $f(x)$ をフーリエ級数展開せよ〈§2.1〉.

(1) 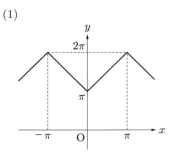 (2)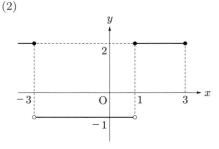

図 2.1 三角波 　　　　　図 2.2 パルス波（1 周期中の高値比 1/3）

問題 B

5. 次のように 1 周期について示された周期関数をフーリエ級数展開せよ．ただし $a>0, b>0$ とする〈§2.1〉.

(1) $f(x) = \begin{cases} b - \dfrac{b}{a}x & (0 \leq x \leq a) \\ b + \dfrac{b}{a}x & (-a \leq x < 0) \end{cases}$

(2) $f(x) = \begin{cases} \dfrac{2b}{a}x & \left(-\dfrac{a}{2} \leq x \leq \dfrac{a}{2}\right) \\ 2b - \dfrac{2b}{a}x & \left(\dfrac{a}{2} < x \leq a\right) \\ -2b - \dfrac{2b}{a}x & \left(-a \leq x < -\dfrac{a}{2}\right) \end{cases}$

6. 次の関数（周期 2π）の複素形フーリエ級数を求めよ〈§2.1〉.

$$f(x) = e^x \quad (-\pi < x \leq \pi)$$

7. フーリエ級数に関するパーセバルの等式を関数 $f(x)$（周期 2π）へ適用することにより，等式

$$1 + \frac{1}{3^2} + \frac{1}{5^2} + \cdots = \frac{\pi^2}{8}$$

を証明せよ．ここで

$$f(x) = \begin{cases} 1 & (0 < x < \pi) \\ 0 & (x = -\pi, 0, \pi) \\ -1 & (-\pi < x < 0) \end{cases}$$

とし，次のフーリエ級数展開を用いよ〈§2.3〉.

$$f(x) = \frac{4}{\pi} \sum_{k=1}^{\infty} \frac{1}{2k-1} \sin(2k-1)x$$

8. 次の関数のフーリエ変換を求めよ．ただし $a>0, b>0$ とする〈§2.5〉.

(1) $f(x) = \begin{cases} a & (|x| < a) \\ \dfrac{a}{2} & (x = -a, a) \\ 0 & (|x| > a) \end{cases}$
(2) $f(x) = \begin{cases} 3\left(1 - \dfrac{|x|}{2}\right) & (|x| \leq 2) \\ 0 & (|x| > 2) \end{cases}$

(3) $f(x) = \begin{cases} x^2 & (0 \leq x \leq 1) \\ -x^2 & (-1 \leq x < 0) \\ 0 & (|x| > 1) \end{cases}$ (4) $f(x) = \begin{cases} \sin x & (|x| \leq \pi) \\ 0 & (|x| > \pi) \end{cases}$

9. 問題 A,問 11 (2) のフーリエ変換を求めよ.ただし次の関数 $f_0(x)$ とそのフーリエ変換 $F_0(\omega)$ へ,フーリエ変換の性質を適用することにより求めよ ⟨§2.6⟩.

$$f_0(x) = \begin{cases} 1-x & (0 \leq x \leq 1) \\ 1+x & (-1 \leq x < 0) \\ 0 & (その他) \end{cases}, \quad F_0(\omega) = \sqrt{\frac{2}{\pi}} \frac{1-\cos\omega}{\omega^2}$$

10. 関数 $g(x)$ のフーリエ変換を求めよ.ただし前問 9 の関数 $f_0(x)$ とそのフーリエ変換 $F_0(\omega)$ へ,フーリエ変換の性質を適用することにより求めよ ⟨§2.6⟩.

$$g(x) = \frac{1-\cos x}{x^2}$$

11. 関数 $g(x)$ のフーリエ変換を求めよ.ただし前問 9 の関数 $f_0(x)$ とそのフーリエ変換 $F_0(\omega)$ へ,フーリエ変換の性質を適用することにより求めよ ⟨§2.6⟩.

$$g(x) = \begin{cases} -1 & (0 < x < 1) \\ 1 & (-1 < x < 0) \\ 0 & (その他) \end{cases}$$

12. 関数 $f(x)$, $g(x)$ の合成積 $f(x) * g(x) = \displaystyle\int_{-\infty}^{\infty} f(\tau)g(x-\tau)\,d\tau$ のフーリエ変換が

$$\mathcal{F}[f(x) * g(x)] = \sqrt{2\pi} F(\omega)G(\omega)$$

($F(\omega)$, $G(\omega)$ は $f(x)$, $g(x)$ のフーリエ変換) となることを証明せよ ⟨§2.6⟩.

13. 次の合成積のフーリエ変換を求めよ.ただし $f(x)$, $g(x)$, $h(x)$ を次の関数とする ⟨§2.6⟩.

$$f(x) = \begin{cases} 1 & (0 < x < 1) \\ -1 & (-1 < x < 0) \\ 0 & (その他) \end{cases}, \quad g(x) = \begin{cases} 1 & (|x| \leq 1) \\ 0 & (|x| > 1) \end{cases},$$

$$h(x) = \begin{cases} x & (|x| \leq 1) \\ 0 & (|x| > 1) \end{cases}.$$

(1) $f(x) * g(x)$ \qquad (2) $f(x) * h(x)$

14. 関数

$$f(x) = \begin{cases} 1 & (|x| < a) \\ \dfrac{1}{2} & (x = -a, a) \\ 0 & (|x| > a) \end{cases}$$

$(a > 0)$ のフーリエ変換の逆変換により, (1) の等式を証明せよ. また (1) を利用し (2) の等式を証明せよ 〈§2.5, §2.7〉.

(1) $\dfrac{1}{\pi} \displaystyle\int_{-\infty}^{\infty} \dfrac{\sin a\omega}{\omega} \cos \omega x \, d\omega = \begin{cases} 1 & (|x| < a) \\ \dfrac{1}{2} & (x = -a, a) \\ 0 & (|x| > a) \end{cases}$

(2) $\displaystyle\int_0^{\infty} \dfrac{\sin a\omega}{\omega} d\omega = \dfrac{\pi}{2}$

15. フーリエ変換に関するパーセバルの等式を前問 14 の関数 $f(x)$ へ適用することにより, 等式

$$\int_0^{\infty} \left(\frac{\sin a\omega}{\omega} \right)^2 d\omega = a\pi$$

$(a > 0)$ を証明せよ 〈§2.6〉.

16. 関数 $f(x) = \dfrac{1}{2} a e^{-a|x|}$ $(a > 0)$ とそのフーリエ変換 $F(\omega)$ について, 次の問に答えよ 〈§2.6〉.

(1) $y = f(x)$ のグラフと x 軸で挟まれた部分の面積を求めよ.

(2) $F(\omega)$ を求めよ.

(3) $\displaystyle\lim_{a\to+\infty} F(\omega)$ を求めよ．

17. 次の偏微分方程式の解を求めよ．ここで V を x, y の関数とし，$a>0$, $b>0$ を定数とする 〈§2.4, §2.7〉．

(1) $\dfrac{\partial^2 V}{\partial x^2}+\dfrac{\partial^2 V}{\partial y^2}=0 \quad (0\le x\le a, 0\le y\le b)$

条件：$V(0,y)=\displaystyle\sum_{n=1}^{\infty} b_n \sin\dfrac{n\pi}{b}y, \qquad V(a,y)=0,$
$V(x,0)=V(x,b)=0$

(2) $\dfrac{\partial^2 V}{\partial x^2}+\dfrac{\partial^2 V}{\partial y^2}=0 \quad (0\le x\le a, 0\le y\le \infty)$

条件：$V(0,y)=\displaystyle\int_0^{\infty}\eta(\omega)\sin\omega y\,d\omega, \ V(a,y)=0,$
$V(x,0)=0, \ V$ は有界

18. 関数列 $\left\{\dfrac{1}{\sqrt{2}}, \sqrt{\dfrac{3}{2}}x, \dfrac{3\sqrt{10}}{4}\left(x^2-\dfrac{1}{3}\right)\right\}$ は区間 $[-1,1]$ 上の正規直交関数系であることを示せ 〈§2.2〉．

第3章 ラプラス変換

§3.1 ラプラス変換

$$F(s) = \mathcal{L}\{f(t)\} = \int_0^\infty f(t) e^{-st} dt$$

§3.2 簡単なラプラス変換

$$\mathcal{L}\{a\} = \frac{a}{s} \quad (ただし\ a = 一定, s > 0)$$

ガンマ関数

$$\Gamma(a) = \int_0^\infty e^{-u} u^{a-1} du$$

$$\Gamma(a) = (a-1)\Gamma(a-1), \quad \Gamma(1) = 1, \quad \Gamma\left(\frac{1}{2}\right) = \sqrt{\pi}$$

$$\mathcal{L}\{t^n\} = \frac{n!}{s^{n+1}} \quad (n\ は正の整数)$$

$$\mathcal{L}\{e^{at}\} = \frac{1}{s-a}$$

$$\mathcal{L}\{\cosh at\} = \frac{s}{s^2 - a^2} \qquad \mathcal{L}\{\sinh at\} = \frac{a}{s^2 - a^2}$$

$$\mathcal{L}\{\cos at\} = \frac{s}{s^2 + a^2} \qquad \mathcal{L}\{\sin at\} = \frac{a}{s^2 + a^2}$$

$$\{b\delta(t-a)\} = be^{-as} \qquad (a, b\ は定数)$$

§3.3 ラプラス変換の性質

§3.3.1 線形性

$\mathcal{L}\{f(t)\} = F(s), \mathcal{L}\{g(t)\} = G(s)$ のとき,

$$\mathcal{L}\{Af(t) + Bg(t)\} = A\mathcal{L}\{f(t)\} + B\mathcal{L}\{g(t)\} = AF(s) + BG(s)$$

$$\mathcal{L}\left\{\sum_{k=1}^{n} c_k f_k(t)\right\} = \sum_{k=1}^{n} c_k \mathcal{L}\{f_k(t)\} \quad (c_k \ (k=1,2,3,\cdots,n) \text{ は定数})$$

§3.3.2 相似性

$\mathcal{L}\{f(t)\} = F(s)$ のとき,

$$\mathcal{L}\{f(at)\} = \frac{1}{a} F\left(\frac{s}{a}\right) \quad (a > 0)$$

§3.3.3 像関数の平行移動

$\mathcal{L}\{(t)\} = F(s)$ のとき,

$$\mathcal{L}\{e^{at} f(t)\} = F(a - s)$$

§3.3.4 導関数のラプラス変換

$\mathcal{L}\{f(t)\} = F(s)$ とき,

$$\mathcal{L}\left\{\frac{df}{dt}\right\} = -f(0) + sF(s)$$

$$\mathcal{L}\left\{\frac{d^2 f}{dt^2}\right\} = -f'(0) - sf(0) + s^2 F(s)$$

§3.3 ラプラス変換の性質

$$\mathcal{L}\left\{\frac{d^3 f}{dt^3}\right\} = -f''(0) - sf'(0) - s^2 f(0) + s^3 F(s)$$

$$\mathcal{L}\left\{\frac{d^n f}{dt^n}\right\} = -f^{(n-1)}(0) - sf^{(n-2)}(0) - s^2 f^{(n-3)} - \cdots\cdots$$
$$- s^{n-2} f'(0) - s^{n-1} f(0) + s^n F(s)$$

§3.3.5 原関数の積分

$$\mathcal{L}\left\{\int_0^t f(u) du\right\} = \frac{\mathcal{L}\{f(t)\}}{s}$$

§3.3.6 像関数の微分

$\mathcal{L}\{f(t)\} = F(s)$ のとき,

$$\mathcal{L}\{t^n f(t)\} = (-1)^n \frac{d^n F(s)}{ds^n}$$

§3.3.7 原関数の平行移動

階段関数
$$U(t-a) = \begin{cases} 0 & (0 < t < a) \\ 1 & (a < t) \end{cases}$$
に対し, $\mathcal{L}\{g(t)\} = G(s)$ のとき,

$$\mathcal{L}\{g(t-s)U(t-a)\} = e^{-as} G(s) = e^{-as} \mathcal{L}\{g(t)\}$$

§3.3.8 合成積のラプラス変換

次の積分を合成積という.
$$f(t) * g(t) = \int_0^t f(z)g(t-z)dz$$
このとき,
$$\mathcal{L}\{f(t) * g(t)\} = \mathcal{L}\{f(t)\}\mathcal{L}\{g(t)\}$$

§3.3.9 周期関数のラプラス変換

$0 < t < T$ で定義された関数 $g(t)$ を周期 T で繰り返す周期関数 $f(t)$ のラプラス変換は,
$$\mathcal{L}\{f(t)\} = \frac{\mathcal{L}\{g(t)\}}{1 - e^{-Ts}}$$

§3.3.10 像関数の積分

$\mathcal{L}\{f(t)\} = F(s)$ のとき,
$$\mathcal{L}\left\{\frac{f(t)}{t}\right\} = \int_s^\infty F(u)du$$

§3.4 逆ラプラス変換

$\mathcal{L}\{f(t)\} = F(s)$ のとき，次の $\mathcal{L}^{-1}$ を逆ラプラス変換という．

$$\mathcal{L}^{-1}\{F(s)\} = f(t)$$

§3.4.1 簡単な逆ラプラス変換

$$\mathcal{L}^{-1}\left\{\frac{a}{s}\right\} = a \qquad \mathcal{L}^{-1}\left\{\frac{1}{s^n}\right\} = \frac{t^{n-1}}{\Gamma(n)} = \frac{t^{n-1}}{(n-1)!}$$

$$\mathcal{L}^{-1}\left\{\frac{1}{s-a}\right\} = e^{at} \qquad \mathcal{L}^{-1}\left\{\frac{s}{s^2-a^2}\right\} = \cosh at$$

$$\mathcal{L}^{-1}\left\{\frac{a}{s^2-a^2}\right\} = \sinh at \qquad \mathcal{L}^{-1}\left\{\frac{s}{s^2+a^2}\right\} = \cos at$$

$$\mathcal{L}^{-1}\left\{\frac{a}{s^2+a^2}\right\} = \sin at \qquad \mathcal{L}^{-1}\{be^{-as}\} = b\delta(t-a)$$

§3.4.2 逆ラプラス変換の線形性

A, B を定数とする．

$$f(t) = \mathcal{L}^{-1}\{F(s)\}, \; g(t) = \mathcal{L}^{-1}\{G(s)\}$$

のとき

$$\mathcal{L}^{-1}\{AF(s) + BG(s)\} = A\mathcal{L}^{-1}\{F(s)\} + B\mathcal{L}^{-1}\{G(s)\} = Af(t) + Bg(t)$$

$$\mathcal{L}^{-1}\left\{\sum_{i=1}^{N} C_i F_i(s)\right\} = \sum_{i=1}^{N} C_i \mathcal{L}^{-1}\{F_i(s)\}$$

（$C_i \, (i = 1, 2, 3, \cdots, N)$ は定数）

§3.4.3 像関数の平行移動の逆ラプラス変換

$$\mathcal{L}^{-1}\{F(s-a)\} = e^{at}f(t) = e^{at}\mathcal{L}^{-1}\{F(s)\}$$

$$\mathcal{L}^{-1}\left\{\frac{1}{(s-a)^n}\right\} = e^{at}\frac{t^{n-1}}{(n-1)!}$$

$$\mathcal{L}^{-1}\left\{\frac{s-a}{(s-a)^2+b^2}\right\} = e^{at}\cos bt$$

$$\mathcal{L}^{-1}\left\{\frac{b}{(s-a)^2+b^2}\right\} = e^{at}\sin bt$$

§3.4.4 原関数の積分に関する逆ラプラス変換

$$\mathcal{L}^{-1}\left\{\frac{F(s)}{s}\right\} = \int_0^t f(u)du = \int_0^t \mathcal{L}^{-1}\{F(s)\}du$$

§3.4.5 原関数の平行移動に関する逆ラプラス変換

$\mathcal{L}^{-1}\{G(s)\} = g(t)$ のとき,

$$\mathcal{L}^{-1}\{e^{-as}G(s)\} = g(t-a)U(t-a) = \begin{cases} 0 & (0 < t < a) \\ g(t-a) & (a < t) \end{cases}$$

§3.4.6 像関数の微分の逆ラプラス変換

$$\mathcal{L}^{-1}\left\{\frac{d^n F(s)}{ds^n}\right\} = (-t)^n \mathcal{L}^{-1}\{F(s)\}$$

§3.4.7 　合成積に関する逆ラプラス変換

$\mathcal{L}^{-1}\{F(s)\} = f(t), \mathcal{L}^{-1}\{G(s)\} = g(t)$ のとき，
$$\mathcal{L}^{-1}\{F(s)G(s)\} = f(t) * g(t)$$

§3.5 　定数係数常微分方程式の初期値問題

定数係数常微分方程式の初期値問題

1. 常微分方程式全体をラプラス変換する．
2. 解のラプラス変換を求める．
3. その解のラプラス変換を逆変換して，もとの常微分方程式の解を求める．

§3.6 　インパルス応答と合成積

2階の常微分方程式の場合で考えるとする．a, b, c を定数とする．次の初期値問題の解を，インパルス応答という．

$$a\frac{d^2x}{dt^2} + b\frac{dx}{dt} + cx = \delta(t), \qquad x(0) = 0, \qquad x'(0) = 0$$

このとき，

$$a\frac{d^2y}{dt^2} + b\frac{dy}{dt} + cy = f(t), \qquad y(0) = 0, \qquad y'(0) = 0$$

の解は，次のように与えられる．

$$y(t) = x(t) * f(t)$$

問題A

1. 次のガンマ関数の値を計算せよ 〈§3.2〉.

(1) $\Gamma(4)$ (2) $\Gamma(7)$

(3) $\Gamma\left(\dfrac{3}{2}\right)$ (4) $\Gamma\left(\dfrac{9}{2}\right)$

2. 次の関数のラプラス変換を求めよ 〈§3.2〉.

(1) 1 (2) $\dfrac{2}{3}$

(3) t (4) t^2

(5) t^3 (6) t^4

(7) e^t (8) e^{5t}

(9) e^{-2t} (10) e^{-3t}

3. 次の関数のラプラス変換を求めよ 〈§3.2〉.

(1) $\cosh t$ (2) $\cosh(-3t)$

(3) $\sinh 2t$ (4) $\sinh(-\sqrt{2}t)$

(5) $\cos t$ (6) $\cos 3t$

(7) $\sin t$ (8) $\sin 2t$

(9) $\cos(-\sqrt{5}t)$ (10) $\sin(-\sqrt{3}t)$

(11) $\delta(t)$ (12) $2\delta(t)$

(13) $\delta(t-3)$ (14) $3\delta(t-1)$

4. 次の関数のラプラス変換を求めよ 〈§3.3.1〉.

(1) $t^2 + 3t + 1$ (2) $2t^3 - t + 4$

(3) $e^t + e^{-2t}$ (4) $e^{3t} - 5e^{2t} + 1$

問題 A　　55

(5) $\cosh 2t + 3\cos 2t$　　(6) $\sinh 4t - \cos\sqrt{2}t$

(7) $\sin\sqrt{3}t + e^{2t} - t$　　(8) $3\sin 5t + 2\cos t - \delta(t)$

5. 関数 $f(t)$ のラプラス変換の公式から，相似性を利用し関数 $g(t)$ のラプラス変換を求めよ 〈§3.3.2〉．

(1) $f(t) = \cos t$, $g(t) = \cos 2t$　　(2) $f(t) = \sinh t$, $g(t) = \sinh\dfrac{1}{2}t$

6. 次の関数のラプラス変換を求めよ．ただし ω を定数とする 〈§3.3.3〉．

(1) te^{2t}　　(2) $t^2 e^{-3t}$

(3) $e^{-2t}\cosh t$　　(4) $e^t \sinh 2t$

(5) $e^{3t}\sin 2t$　　(6) $e^{-t}\cos 3t$

(7) $e^{2t}\cos\omega t$　　(8) $e^{-3t}\sin\omega t$

7. $\mathcal{L}\{f(t)\} = F(s)$ とする．それぞれの初期値に対し，次のラプラス変換を求めよ 〈§3.3.4〉．

(1) $\mathcal{L}\{f'(t)\}$, $f(0) = 0$　　(2) $\mathcal{L}\{2f'(t)\}$, $f(0) = 0$

(3) $\mathcal{L}\{f''(t)\}$, $f(0) = f'(0) = 0$　　(4) $\mathcal{L}\{f'''(t)\}$, $f(0) = f'(0) = f''(0) = 0$

(5) $\mathcal{L}\{f'(t)\}$, $f(0) = 3$　　(6) $\mathcal{L}\{3f'(t)\}$, $f(0) = 1$

(7) $\mathcal{L}\{f'''(t)\}$, $f(0) = 1$, $f'(0) = 0$, $f''(0) = -2$

(8) $\mathcal{L}\{2f''(t)\}$, $f(0) = -5$, $f'(0) = \sqrt{3}$

8. 次の関数のラプラス変換を，積分のラプラス変換に関する公式を用いて求めよ 〈§3.3.5〉．

(1) $\displaystyle\int_0^t \cos u\, du$　　(2) $\displaystyle\int_0^t \cosh 2u\, du$

(3) $\displaystyle\int_0^t \sin 5u\, du$　　(4) $\displaystyle\int_0^t \sinh 3u\, du$

(5) $\displaystyle\int_0^t e^u \cos u\, du$ (6) $\displaystyle\int_0^t e^{-u} \sin 2u\, du$

(7) $\displaystyle\int_0^t u e^{-2u}\, du$ (8) $\displaystyle\int_0^t u^2 e^{4u}\, du$

9. 次の関数のラプラス変換を，像関数の微分に関する公式を用いて求めよ 〈§3.3.6〉．

(1) te^t (2) $t^2 e^t$

(3) $t\cos 2t$ (4) $t\sin 3t$

(5) $t^2 \cos 2t$ (6) $t^2 \sin 3t$

10. 次の関数 $g(t)$ のラプラス変換を求めよ 〈§3.3.7〉．

(1) $f(t) = t$ を t 軸の正の方向へ 2 だけ平行移動し，$t < 2$ では値を 0 とした関数 $g(t)$

(2) $f(t) = \sin 2t$ を t 軸の正の方向へ $\dfrac{\pi}{2}$ だけ平行移動し，$t < \dfrac{\pi}{2}$ では値を 0 とした関数 $g(t)$

(3) $f(t) = 3$ を t 軸の正の方向へ 1 だけ平行移動し，$t < 1$ では値を 0 とした関数 $g(t)$

11. 次の合成積のラプラス変換を求めよ 〈§3.3.8〉．

(1) $e^t * 1$ (2) $t * t^2$

(3) $t * \cos 2t$ (4) $t^2 * \cosh \pi t$

(5) $1 * \sin \pi t$ (6) $e^{-3t} * \sin 2t$

12. 次の関数 $f(t)$ のラプラス変換を求めよ 〈§3.3.9〉．

(1) 関数 $g(t)$ の $0 < t < 2$ の部分を周期 2 で繰り返す $f(t)$

問題 A

$$g(t) = \begin{cases} 0 & (t < 0) \\ 1 & (0 < t < 1) \\ 3 & (1 < t < 2) \\ 0 & (2 < t) \end{cases}$$

(2) 関数 $g(t)$ の $0 < t < 1$ の部分を周期 1 で繰り返す $f(t)$

$$g(t) = \begin{cases} 0 & (t < 0) \\ 2t & (0 < t < 1) \\ 0 & (1 < t) \end{cases}$$

13. 次の関数のラプラス変換を求めよ 〈§3.3.10〉.

(1) $\dfrac{e^{-3t} - e^{-4t}}{t}$ (2) $\dfrac{\sinh 3t}{t}$

(3) $\dfrac{\cos t - \cos 2t}{t}$ (4) $\dfrac{\sin 5t}{t}$

14. 次の関数の逆ラプラス変換を求めよ 〈§3.4〉.

(1) $\dfrac{1}{s}$ (2) $\dfrac{4}{s}$

(3) $\dfrac{1}{s^2}$ (4) $\dfrac{1}{s^3}$

(5) $\dfrac{1}{s^4}$ (6) $\dfrac{1}{s^5}$

(7) $\dfrac{1}{s-1}$ (8) $\dfrac{1}{s-3}$

(9) $\dfrac{1}{s+2}$ (10) $\dfrac{1}{s+4}$

(11) $\dfrac{s}{s^2-1}$ (12) $\dfrac{1}{s^2-1}$

(13) $\dfrac{2}{s^2-4}$ (14) $\dfrac{s}{s^2-9}$

(15) $\dfrac{s}{s^2+1}$ (16) $\dfrac{1}{s^2+1}$

(17) $\dfrac{3}{s^2+9}$ (18) $\dfrac{s}{s^2+16}$

(19) 2 (20) e^{-s}

(21) $3e^{-s}$ (22) πe^{-2s}

15. 次の関数の逆ラプラス変換を求めよ ⟨§3.4⟩.

(1) $\dfrac{1}{s-2} + \dfrac{4}{s+3}$ (2) $\dfrac{1}{s-1} + \dfrac{3s}{s^2+4}$

(3) $\dfrac{2}{s} - \dfrac{3}{s^2} + \dfrac{6}{s^2+9}$ (4) $\dfrac{5}{s^2-25} - \dfrac{s}{s^2-7}$

(5) $\dfrac{1}{(s-2)^2}$ (6) $\dfrac{1}{(s-2)^3}$

(7) $\dfrac{s-1}{(s-1)^2+4}$ (8) $\dfrac{2}{(s+2)^2+4}$

(9) $\dfrac{3}{s^2+2s+2}$ (10) $\dfrac{s-2}{s^2-4s+13}$

16. 次の関数の逆ラプラス変換を求めよ．ただし (9)(10)(11)(12) は，像関数の微分に関する公式を用いよ ⟨§3.4⟩.

(1) $\dfrac{1}{s(s-2)}$ (2) $\dfrac{1}{s(s+1)}$

(3) $\dfrac{5}{s(s^2+25)}$ (4) $\dfrac{4}{s(s^2-16)}$

(5) $\dfrac{e^{-s}}{s^2}$ (6) $\dfrac{e^{-2s}}{s^3}$

(7) $\dfrac{se^{-3s}}{s^2+4}$ (8) $\dfrac{e^{-s}}{s^2+3}$

(9) $\dfrac{d}{ds}\dfrac{s}{s^2+1}$ (10) $\dfrac{d}{ds}\dfrac{3}{s^2+9}$

(11) $\dfrac{d}{ds}\dfrac{4}{s^3}$ (12) $\dfrac{d}{ds}\dfrac{1}{s^2+4s+6}$

17. 次の関数を計算した後に逆ラプラス変換し，どのような逆ラプラス変換の式が得られるか調べよ ⟨§3.4⟩.

(1) 前問 16 (9) の関数 (2) 前問 16 (12) の関数

問題 A　　　　　　　　　　　　　　　　　　　　　59

18. 次の関数の逆ラプラス変換を合成積を用いて表せ．さらに求めた合成積を計算せよ ⟨§3.4⟩．

(1) $\dfrac{1}{s(s+2)}$ 　　　(2) $\dfrac{s}{(s^2+9)^2}$

19. 次の関数の逆ラプラス変換を部分分数分解を用いて求めよ ⟨§3.5⟩．

(1) $\dfrac{2s+4}{s^2+4s+3}$ 　　　(2) $\dfrac{1}{s^2+5s+6}$

(3) $\dfrac{3s-3}{s^2-4s-5}$ 　　　(4) $\dfrac{s+1}{s^2+2s+5}$

20. 次の常微分方程式の初期値問題をラプラス変換を用いて解け ⟨§3.5⟩．

(1) $\dfrac{d^2y}{dt^2}+4\dfrac{dy}{dt}+3y=0,\quad y(0)=0,\quad y'(0)=2$

(2) $\dfrac{d^2y}{dt^2}+7\dfrac{dy}{dt}+10y=0,\quad y(0)=1,\quad y'(0)=8$

(3) $\dfrac{d^2y}{dt^2}+4y=0,\quad y(0)=0,\quad y'(0)=6$

(4) $\dfrac{d^2y}{dt^2}+8\dfrac{dy}{dt}+17y=0,\quad y(0)=1,\quad y'(0)=4$

(5) $\dfrac{dy}{dt}+3y=e^{-2t},\quad y(0)=3$

(6) $\dfrac{d^2y}{dt^2}+2y=0,\quad y(0)=1,\quad y'(0)=\sqrt{2}$

21. 次の常微分方程式について，以下の問に答えよ ⟨§3.6⟩．

$$\dfrac{d^2y}{dt^2}+6\dfrac{dy}{dt}+8y=f(t),\quad y(0)=0,\quad y'(0)=0$$

(1) $f(t)=\delta(t)$ のときの解 $x(t)$（インパルス応答）を求めよ．

(2) $f(t)=1$ のときの解を，インパルス応答との関係を利用して求めよ．

22. 次の常微分方程式について，以下の問に答えよ ⟨§3.6⟩．

$$\dfrac{dy}{dt}+3y=f(t),\quad y(0)=0$$

(1) $f(t) = \delta(t)$ のときの解 $x(t)$ （インパルス応答）を求めよ．

(2) $f(t) = e^t$ のときの解を，インパルス応答との関係を利用して求めよ．

問題 B

1. 次の関数を定義に従いラプラス変換せよ 〈§3.1, §3.2〉．

(1) 3 (2) e^t

(3) $e^{2t} + 1$ (4) t

2. 次の関数のラプラス変換を求めよ．ただし $\omega \neq 0$, $a \neq 0$ を定数とする 〈§3.2〉．

(1) $t^{\frac{5}{2}}$ (2) $e^{-\pi t}$

(3) $\cosh \dfrac{t}{2}$ (4) $\sinh \dfrac{t}{\sqrt{2}}$

(5) $\cos \pi t$ (6) $2 \sin 2t \cos 2t$

(7) $\delta(t - \pi)$ (8) $\dfrac{1}{2} \delta(t - 3)$

(9) $\cos(\omega t + \dfrac{\pi}{6})$ (10) $\sin(\omega t + a)$

(11) $te^{-2t} \sin \omega t$ (12) $te^{-at} \cos 3t$

3. 次の関数のラプラス変換を求めよ．ただし $T > 0$ を定数とする 〈§3.2, §3.3.1〉．

(1) $\delta(t - T)$ (2) $\displaystyle\sum_{n=0}^{\infty} \delta(t - nT)$

4. 次の合成積のラプラス変換を求めよ 〈§3.4〉．

(1) $\delta(t) * e^{-2t}$ (2) $\delta(t - 1) * \sin \pi t$

(3) $U(t) * e^{-3t}$ (4) $U(t) * \cos 2\pi t$

5. 次の関数 $f(t)$ のラプラス変換を求めよ 〈§3.3.9〉．

(1) 関数 $g(t)$ の $0 < t < 2\pi$ の部分を，周期 2π で繰り返す $f(t)$

問題 B

$$g(t) = \begin{cases} 0 & (t < 0) \\ 1 & (0 < t < \pi) \\ 0 & (\pi < t) \end{cases}$$

(2) 関数 $g(t)$ の $0 < t < 2T$ ($T > 0$：定数) の部分を，周期 $2T$ で繰り返す $f(t)$

$$g(t) = \begin{cases} 0 & (t < 0) \\ 1 & (0 < t < T) \\ -1 & (T < t < 2T) \\ 0 & (2T < t) \end{cases}$$

(3) $f(t) = |\sin at|$ ($a > 0$：定数)

6. 次の関数の逆ラプラス変換を求めよ 〈§3.4〉.

(1) $\dfrac{1}{s^{3/2}}$ (2) $\dfrac{1}{\sqrt{3s+1}}$

(3) $\dfrac{1}{s(s^2 - 3s + 2)}$ (4) $\dfrac{1}{s(s+1)^2}$

(5) $\dfrac{1}{s(s^2 + 4s + 4)}$ (6) $\dfrac{1}{s(s^2 + 2s + 4)}$

(7) $\dfrac{s^2 + 6s + 15}{(s+5)(s^2 + 6s + 10)}$ (8) $\dfrac{(s^2 - 4s - 3)e^{-3s}}{(2s+1)(s+1)(s-1)}$

7. 次の関数の逆ラプラス変換は，方法 (1)(2) のどちらで計算しても等しいことを確かめよ 〈§3.4〉.

$$\frac{d^2}{ds^2} \frac{1}{s^3}$$

(1) 像関数の微分の逆ラプラス変換公式を利用する方法

(2) 2 階微分の計算結果を，逆ラプラス変換する方法

8. 次の合成積を計算せよ．ただし次のそれぞれの方法で計算せよ 〈§3.3.8, §3.4〉.
　　方法 1：定義に従い計算する方法
　　方法 2：合成積のラプラス変換を公式から求め，逆ラプラス変換する方法

(1) $e^t * e^t$ (2) $t * \sin\omega t$ ($\omega \neq 0$：定数)

9. 次の常微分方程式の初期値問題をラプラス変換を用いて解け 〈§3.5〉．

(1) $\dfrac{dy}{dt} + y = te^{-t}, \quad y(0) = a$ (a：定数)

(2) $\dfrac{d^2y}{dt^2} + 9y = \sin\omega t, \quad y(0) = 2, \quad y'(0) = 1$ ($\omega \neq \pm 3$：定数)

10. 次の連立常微分方程式の初期値問題をラプラス変換を用いて解け 〈§3.5, §3.6〉．

(1) $\dfrac{dx}{dt} = 3x - 2y, \quad \dfrac{dy}{dt} = 2x - y, \quad x(0) = 2, \quad y(0) = 2$

(2) $\dfrac{dy}{dt} - \dfrac{dz}{dt} = U(t), \quad \dfrac{d^2y}{dt^2} - 4z = \delta(t), \quad y(0) = 1, \quad y'(0) = 0, \quad z(0) = 1$

11. 次の積分方程式をラプラス変換を用いて解け 〈§3.3.8, §3.5〉．

(1) $\dfrac{dy(t)}{dt} + 5y(t) + 4\displaystyle\int_0^t y(u)\,du = 7, \quad y(0) = 1$

(2) $y(t) = t + \displaystyle\int_0^t y(u)\cos(t - u)\,du$

12. ラプラス変換の定義と公式により，次の積分を求めよ 〈§3.1, §3.3.6〉．

(1) $\displaystyle\int_0^\infty te^{-t}\sin 3t\,dt$ (2) $\displaystyle\int_0^\infty t^2 e^{-2t}\cos 2t\,dt$

13. 関数 $f(t)$ とラプラス変換 $F(s) = \mathcal{L}\{f(t)\}$ に対し，次の定理が成り立つ．$F(s)$ が以下のように与えられるとき，極限値を，定理を利用して求めよ 〈§3.3〉．

初期値の定理： $\displaystyle\lim_{t\to+0} f(t) = \lim_{s\to\infty} sF(s)$
最終値の定理： $\displaystyle\lim_{t\to\infty} f(t) = \lim_{s\to 0} sF(s)$

(1) $\displaystyle\lim_{t\to+0} f(t), \quad F(s) = \dfrac{1}{s(s+3)}$ (2) $\displaystyle\lim_{t\to\infty} f(t), \quad F(s) = \dfrac{(s+2)e^{-s}}{s^2 + s}$

14. 抵抗 R，コイル（インダクタンス）L，起電力を直列接続する（R, L：定数）．起電力を $e(t)$ とし，回路のスイッチを閉じた時刻を $t = 0$ とすれば，電流 $i(t)$ は次の常微分方程式をみたす．

問題 B

$$L\frac{di(t)}{dt} + Ri(t) = e(t)$$

$e(t)$ が次の関数のとき,電流 $i(t)$ を t の関数で表せ.ただし $i(0) = 0$ とし,ラプラス変換により常微分方程式を解いて求めよ ⟨§3.5, §3.6⟩.

(1) $e(t) = \delta(t)$ (2) $e(t) = U(t)$

(3) $e(t) = \sin t$

第4章 複素関数

§4.1 実部と虚部

> $z = x + yi$ (x, y は実数) のとき,複素関数は次の形になる.
> $$w = f(z) = u(x, y) + v(x, y)i$$
> ($u(x, y)$ は実部, $v(x, y)$ は虚部)

§4.2 コーシー–リーマンの方程式

> $$\frac{\partial u}{\partial x} = \frac{\partial v}{\partial y}, \quad \frac{\partial u}{\partial y} = -\frac{\partial v}{\partial x} \iff f \text{ は正則関数}$$

§4.3 微分の公式

> $$\frac{d}{dz}\{Af(z) + Bg(z)\} = A\frac{df(z)}{dz} + B\frac{dg(z)}{dz} \quad (A, B \text{ は定数})$$
> $$\frac{d}{dz}\{f(z)g(z)\} = \frac{df(z)}{dz}g(z) + f(z)\frac{dg(z)}{dz} \quad : \text{積の微分}$$
> $$\frac{d}{dz}\left\{\frac{f(z)}{g(z)}\right\} = \frac{\frac{df(z)}{dz}g(z) - f(z)\frac{dg(z)}{dz}}{g(z)^2} \quad : \text{商の微分}$$
>
> $w = f(u), u = g(z)$ のとき,
> $$\frac{dw}{dz} = \frac{dw}{du}\frac{du}{dz} \quad : \text{合成関数の微分}$$

§4.4 指数関数

$z = x + yi$ (x, y は実数) のとき,

$$e^z = e^{x+yi} = e^x(\cos y + i \sin y)$$

$$\frac{de^z}{dz} = e^z$$

$$(e^z)^m = e^{mz} \quad (m \text{ は整数})$$

$$e^{z+2m\pi i} = e^z \quad (m \text{ は整数}) : e^z \text{の周期は } 2\pi i$$

§4.5 三角関数

$$\sin z = \frac{e^{iz} - e^{-iz}}{2i}, \quad \cos z = \frac{e^{iz} + e^{-iz}}{2}, \quad \tan z = \frac{\sin z}{\cos z}$$

$$\operatorname{cosec} z = \frac{1}{\sin z}, \quad \sec z = \frac{1}{\cos z}, \quad \cot z = \frac{1}{\tan z}$$

$$\sin^2 z + \cos^2 z = 1$$

加法定理

$\sin(z+w) = \sin z \cos w + \cos z \sin w, \quad \cos(z+w) = \cos z \cos w - \sin z \sin w$

周　期

$\sin(z + 2\pi) = \sin z, \quad \cos(z + 2\pi) = \cos z \quad (\sin z \text{ と } \cos z \text{ の周期は } 2\pi)$

$\tan(z + \pi) = \tan z \quad (\tan z \text{ の周期は } \pi)$

微　分

$$\frac{d}{dz} \sin z = \cos z, \quad \frac{d}{dz} \cos z = -\sin z, \quad \frac{d}{dz} \tan z = \sec^2 z$$

双曲線関数との関係

$\cos z = \cos x \cosh y - i \sin x \sinh y, \quad \sin z = \sin x \cosh y + i \cos x \sinh y$

§4.6 双曲線関数

$$\sinh z = \frac{e^z - e^{-z}}{2}, \quad \cosh z = \frac{e^z + e^{-z}}{2}, \quad \tanh z = \frac{\sinh z}{\cosh z}$$

$$\coth z = \frac{1}{\tanh z}, \quad \operatorname{sech} z = \frac{1}{\cosh z}, \quad \operatorname{cosech} z = \frac{1}{\sinh z}$$

$$\cosh^2 z - \sinh^2 z = 1$$

微 分

$$\frac{d}{dz}\sinh z = \cosh z, \quad \frac{d}{dz}\cosh z = \sinh z, \quad \frac{d}{dz}\tanh z = \operatorname{sech}^2 z$$

三角関数との関係

$$\cosh z = \cosh x \cos y + i \sinh x \sin y, \quad \sinh z = \sinh x \cos y + i \cosh x \sin y$$

$$\cosh iz = \cos z, \quad \sinh iz = i \sin z, \quad \cos iz = \cosh z, \quad \sin iz = i \sinh z$$

§4.7 極

$f(z)$ は, $z = a$ 以外の点で正則であり, 次の条件を満たすとき, k 位の極という.

$$\lim_{z \to a} f(z) = \infty$$

$$\lim_{z \to a} (z-a) f(z) = \infty$$

$$\lim_{z \to a} (z-a)^2 f(z) = \infty$$

$$\vdots$$

$$\lim_{z \to a} (z-a)^{k-1} f(z) = \infty$$

$$\lim_{z \to a} (z-a)^k f(z) = 有限確定$$

§4.8 複素積分

§4.8.1 複素平面上での曲線

xy 平面上で $y = f(x)$ という曲線は，複素平面上では

$$z = x + yi = x + f(x)i.$$

xy 平面上で $x = x(t)$, $y = y(t)$ という曲線は，複素平面上では

$$z = x + yi = x(t) + y(t)i.$$

中心が z_0 にあり，半径が r の円：

$$z = z_0 + re^{i\theta}.$$

§4.8.2 複素積分

複素平面上の曲線 C の表し方：

$$C : z = x + yi = x(t) + iy(t), \quad t = a \longrightarrow t = b$$

曲線 C に沿った複素積分の公式

$$\int_C f(z)dz = \int_a^b f(z(t))\frac{dz}{dt}dt$$

§4.8.3 コーシーの定理

関数 $f(z)$ が閉曲線 C 上およびその内部の領域 D で正則であれば，

$$\int_C f(z)dz = 0$$

§4.8.4 不定積分と定積分

次のような正則関数には不定積分が存在する.

$$\int z^n dz = \frac{1}{n+1} z^{n+1} + C \quad (n = 0, 1, 2, \cdots. \quad C \text{ は定数})$$

$$\int e^z dz = e^z + C \quad (C \text{ は定数})$$

$$\int \sin z \, dz = -\cos z + C \quad (C \text{ は定数})$$

$$\int \cos z \, dz = \sin z + C \quad (C \text{ は定数})$$

$$\int_\alpha^\beta f(z) dz = [F(z)]_\alpha^\beta = F(\beta) - F(\alpha) \quad :\text{定積分}$$

§4.8.5 コーシーの積分公式

$f(z)$ が閉曲線 C 上およびその内部の領域 D で正則であるとして, z を D の内部の任意の 1 点とするとき,

$$f(z) = \frac{1}{2\pi i} \int_C \frac{f(\zeta)}{\zeta - z} d\zeta$$

が成立する. ただし, 積分の向きは反時計回り.

§4.8.6 グルサーの定理

正則関数は何回でも微分可能で, しかもその導関数はみな正則関数である.

$$\frac{d^n f(z)}{dz^n} = f^{(n)}(z) = \frac{n!}{2\pi i} \int_C \frac{f(\zeta)}{(\zeta - z)^{n+1}} d\zeta$$

§4.8.7 留数

$z = a$ が n 位の極であるとき，$z = a$ での留数は次式で与えられる．

$$\mathrm{Res}(a) = \frac{1}{(n-1)!} \lim_{z \to a} \frac{d^{n-1}}{dz^{n-1}} \{(z-a)^n f(z)\}$$

$z = a$ が関数 $f(z) = \dfrac{p(z)}{q(z)}$ の 1 位の極のとき，

$$\mathrm{Res}(a) = \frac{p(a)}{q'(a)} \quad (\text{ただし，} p(z), q(z) \text{ は正則であるとする})$$

留数定理

関数 $f(z)$ が閉曲線の内部の領域 D の $a_1, a_2, a_3, \cdots, a_n$ において孤立特異点を有し，それらにおける留数を $\mathrm{Res}(a_1), \mathrm{Res}(a_2), \mathrm{Res}(a_3), \cdots, \mathrm{Res}(a_n)$ として，これら特異点を除けば，$f(z)$ は閉曲線 C の上およびその内部の領域 D で正則であるとすると，次式が成立する．

$$\frac{1}{2\pi i} \int_C f(z) dz = \mathrm{Res}(a_1) + \mathrm{Res}(a_2) + \mathrm{Res}(a_3) + \cdots + \mathrm{Res}(a_n)$$

---

§4.9 テイラー級数とローラン級数

§4.9.1 テイラー級数

関数 $f(z)$ は，領域 D で正則であり，点 $z = a$ を中心とする円 C およびその内部が D に含まれるとする．z を C 内の点とするとき，次の公式が成立する．

$$f(z) = f(a) + \frac{f'(a)}{1!}(z-a) + \frac{f''(a)}{2!}(z-a)^2 + \cdots + \frac{f^{(n)}(a)}{n!}(z-a)^n + \cdots$$

特に $z = 0$ のとき

$$e^z = 1 + z + \frac{z^2}{2!} + \cdots + \frac{z^n}{n!} + \cdots$$

$$\cos z = 1 - \frac{z^2}{2!} + \frac{z^4}{4!} + \cdots + (-1)^n \frac{z^{2n}}{(2n)!} + \cdots$$

$$\sin z = z - \frac{z^3}{3!} + \frac{z^5}{5!} + \cdots + (-1)^n \frac{z^{2n+1}}{(2n+1)!} + \cdots$$
$$\frac{1}{1-z} = 1 + z + z^2 + \cdots + z^n + \cdots$$

§4.9.2 ローラン級数

孤立特異点 $z = a$ の周りで，次のように級数展開ができる．
$$f(z) = \cdots + \frac{A_{-2}}{(z-a)^2} + \frac{A_{-1}}{(z-a)} + A_0 + A_1(z-a) + A_2(z-a)^2 + \cdots$$
($A_k(k = \cdots, -2, -1, 0, 1, 2, \cdots)$ は定数)

もし，$z = a$ が k 位の極なら，
$$f(z) = \frac{A_{-k}}{(z-a)^k} + \cdots + \frac{A_{-2}}{(z-a)^2} + \frac{A_{-1}}{(z-a)} + A_0 + A_1(z-a) + A_2(z-a)^2 + \cdots$$

例：$\dfrac{1}{\sin z} = \dfrac{1}{z} + \dfrac{z}{6} + \dfrac{7}{360}z^3 + \cdots$

§4.10 多価関数

§4.10.1 z の m 乗根

m を正の整数とする．$|z| = r$, $\arg z = \theta$ とすると，
$$z^{\frac{1}{m}} = r^{\frac{1}{m}} \left\{ \cos\left(\frac{\theta + 2n\pi}{m}\right) + i\sin\left(\frac{\theta + 2n\pi}{m}\right) \right\}$$

§4.10.2 対数関数

$|z| = r$, $\arg z = \theta$ とすると，

$$\log z = \log_e r + i(\theta + 2n\pi) \quad (n = 0, \pm 1, \pm 2, \cdots)$$

§4.10.3 べき関数

z, c を複素数，c を定数とすると，

$$z^c = (e^{\log z})^c = e^{c \log z}$$

§4.10.4 微分

多価関数を微分するときには，その分枝を指定しなければならない．

$$\frac{d}{dz} \log z = \frac{1}{z}$$

$$\frac{d}{dz} z^c = c z^{c-1} \quad (c\text{ は定数})$$

問題 A

1. $z = x + yi$（x, y は実数）とする．次の関数の実部 u と虚部 v を x と y の関数として求めよ．そしてそれらが，コーシー–リーマンの方程式を満たすかどうか調べよ〈§4.1, §4.2〉．

(1) $f(z) = e^x(\cos y - i\sin y)$ 　　(2) $f(z) = x^2 + y^2 i$

(3) $f(z) = x^3 + y^3 i$ 　　(4) $f(z) = \bar{z}^2$

(5) $f(z) = z^3$ 　　(6) $f(z) = (1-2i)z^2$

(7) $f(z) = iz^2 + 5z - i$ 　　(8) $f(z) = \bar{z}^2 - iz^2 + 3$

(9) $f(z) = \dfrac{i}{z}$ 　　(10) $f(z) = |z|z$

2. 次の関数を微分せよ〈§4.3〉．

(1) $f(z) = z^2 + (1+i)z - i$ 　　(2) $f(z) = 5iz^3 - 5z + 2i$

(3) $f(z) = az^2 + bz + c$ 　（a, b, c は定数）

(4) $f(z) = \dfrac{5-2i}{z^4}$ 　　(5) $f(z) = \dfrac{z-2i}{z+2i}$

(6) $f(z) = \dfrac{iz-2}{z^2+i}$ 　　(7) $f(z) = (z-4i)^8$

(8) $f(z) = (iz^2 + 3)^6$ 　　(9) $f(z) = \left(\dfrac{4z-3i}{z-9i}\right)^7$

(10) $f(z) = \left(\dfrac{z-3i}{z^2-8z+5i}\right)^9$

3. 次の関数の極をすべてあげ，何位の極か調べよ〈§4.7〉．

(1) $f(z) = \dfrac{z}{(z-2)(z+1)}$ 　　(2) $f(z) = \dfrac{2z^2}{(z^2+3)^2}$

(3) $f(z) = \dfrac{50z}{(z+4i)(z+i)^2}$ 　　(4) $f(z) = z^4 - 5iz^3 + 8i$

(5) $f(z) = \dfrac{z^2+z}{z^3-z}$ 　　(6) $f(z) = \dfrac{z^8+z^4-2}{(z-1)^3(3z+2)^2}$

(7) $f(z) = \dfrac{z^2 - 3z}{z^2 + 2z + 3}$ \qquad (8) $f(z) = \dfrac{z^2}{z^2 - iz + 2}$

(9) $f(z) = \dfrac{(z-1+2i)^3}{(z^2 - 2z + 5)^2}$ \qquad (10) $f(z) = \dfrac{3z^2 + 3iz}{z^2(z^2 - 4iz + 5)^2}$

4. 次の積分を，線積分を使った計算公式を用いて計算せよ 〈§4.8.1, §4.8.2〉.

(1) $\displaystyle\int_C (1-3i)dz, \quad C : z = x+yi,\ x = t,\ y = t^2,\ t = 0 \to 1$

(2) $\displaystyle\int_C (\bar{z}+i)dz, \quad C : z = x+yi,\ x = t^3,\ y = t,\ t = 0 \to 1$

(3) $\displaystyle\int_C (\bar{z}+i)dz, \quad C : z = x+yi,\ x = t^3,\ y = t,\ t = 1 \to 0$

(4) $\displaystyle\int_C \sin z\,dz, \quad C : z = x+yi,\ x = 0,\ y = t,\ t = 0 \to \dfrac{\pi}{4}$

(5) $\displaystyle\int_C \cos z\,dz, \quad C = C_1 + C_2$
$\qquad C_1 : z = x+yi,\ x = 0,\ y = t,\ t = \dfrac{\pi}{3} \to 0$
$\qquad C_2 : z = x+yi,\ x = t,\ y = 0,\ t = 0 \to \dfrac{\pi}{4}$

(6) $\displaystyle\int_C \dfrac{1}{z-i}dz, \quad C : z = i + e^{i\theta},\ \theta = -\dfrac{\pi}{2} \to 0$

(7) $\displaystyle\int_C \dfrac{1}{z-i}dz, \quad C : z = i + e^{i\theta},\ \theta = 0 \to 2\pi$

(8) $\displaystyle\int_C \dfrac{1}{z-2i}dz, \quad C : z = 2i + 2e^{i\theta},\ \theta = -\pi \to \pi$

(9) $\displaystyle\int_C \dfrac{1}{(z-i)^2}dz, \quad C : z = i + e^{i\theta},\ \theta = 0 \to 2\pi$

(10) $\displaystyle\int_C (z+i)^3 dz, \quad C : z = -i + 2e^{i\theta},\ \theta = -\dfrac{\pi}{2} \to \dfrac{3}{2}\pi$

5. 次の定積分を，不定積分を利用して計算せよ 〈§4.8.4〉.

(1) $\displaystyle\int_i^{2+2i} z^3 dz$ \qquad (2) $\displaystyle\int_{3+4i}^{4-3i} (6z^2 + 8iz)dz$

(3) $\displaystyle\int_{-i}^{3+2i} (2z^2 - 5z + 6)dz$ \qquad (4) $\displaystyle\int_0^{1+\frac{\pi}{4}i} e^{2z} dz$

問題 A   75

(5) $\int_{i}^{1+3i} \cos \frac{\pi}{2} z \, dz$ (6) $\int_{0}^{\pi i} \sinh 5z \, dz$

(7) $\int_{0}^{\pi i} \sin^2 z \, dz$ (8) $\int_{0}^{\frac{\pi}{2}i} \sin 3z \cos 3z \, dz$

(9) $\int_{-i}^{\frac{1}{2}i} z \sinh \pi z^2 \, dz$ (10) $\int_{0}^{\pi+i} z \cos 2z \, dz$

6. 次の積分を，コーシーの積分公式やグルサーの定理に出てくる公式を使って求めよ〈§4.8.3, §4.8.5, §4.8.6〉．

(1) $\int_{C} \frac{1}{z} dz$, C：円 $|z|=1$ を反時計回りに 1 周

(2) $\int_{C} \frac{1}{z-1} dz$, C：円 $|z-1|=\frac{1}{3}$ を反時計回りに 1 周

(3) $\int_{C} \frac{1}{z-1} dz$, C：円 $|z|=\frac{1}{3}$ を反時計回りに 1 周

(4) $\int_{C} \frac{e^{iz}}{z-3i} dz$, C：円 $|z-3i|=2$ を反時計回りに 1 周

(5) $\int_{C} \frac{\sin \frac{\pi}{2} z}{z-1} dz$, C：円 $|z-3i|=1$ を反時計回りに 1 周

(6) $\int_{C} \frac{z+i}{z^2} dz$,
    C：$i, -1-i, +1$ を頂点とする三角形の辺を反時計回りに 1 周

(7) $\int_{C} \frac{e^z}{(z+\pi i)^2} dz$,
    C：$2\pi(\pm 1 \pm i)$ の 4 点を頂点とする正方形の辺を反時計回りに 1 周

(8) $\int_{C} \frac{\cos 2\pi i z}{(z-i)^2} dz$, C：円 $|z-1-i|=2$ を反時計回りに 1 周

(9) $\int_{C} \frac{e^{-3z}}{(z+i)^3} dz$, C：円 $|z|=2$ を反時計回りに 1 周

(10) $\int_{C} \frac{5z^3-2i}{z^4} dz$,
    C：$i, -1-i, +1$ を頂点とする三角形の辺を反時計回りに 1 周

7. 次の関数のすべての極とその位数を求め，そこでの留数を求めよ 〈§4.8.7〉．

(1) $f(z) = \dfrac{z^2 - i}{(z-1)(z^2+1)}$

(2) $f(z) = \dfrac{z}{(z-1)(z^2+2z+3)}$

(3) $f(z) = \dfrac{z+i}{z^2+z+1}$

(4) $f(z) = \dfrac{z-2i}{z^2(z^2-z-2)}$

(5) $f(z) = \dfrac{\sin \frac{\pi}{2} z}{(z-1)^2}$

(6) $f(z) = \dfrac{z^2}{2z^2-3z-2}$

(7) $f(z) = \dfrac{e^z}{(z^2+3)^2}$

(8) $f(z) = \dfrac{i - \cosh z}{z^2}$

(9) $f(z) = \dfrac{2z+i}{z^3-z^2}$

(10) $f(z) = \dfrac{z^2 - 3z}{(z+1)^2(z^2+2)}$

8. 次の積分を留数を使って求めよ 〈§4.8.7〉．

(1) $\displaystyle\int_C \dfrac{i}{z(z-2)}dz$, C：円 $|z-1|=2$ を反時計回りに 1 周

(2) $\displaystyle\int_C \dfrac{2i}{z(z-\frac{1}{3})(z-3)}dz$, C：円 $|z|=1$ を反時計回りに 1 周

(3) $\displaystyle\int_C \dfrac{z-i}{z^3-1}dz$,
　　C：$z = \pm 2i, -2 \pm 2i$ を頂点とする四角形を反時計回りに 1 周

(4) $\displaystyle\int_C \dfrac{2e^z}{z+\pi i}dz$, C：円 $\left|z+\dfrac{\pi}{3}i\right|=\pi$ を反時計回りに 1 周

(5) $\displaystyle\int_C \dfrac{e^{-z}+i}{z^2}dz$,
　　C：3 点 $1, -1 \pm i$ を頂点とする，三角形の辺を反時計回りに 1 周

(6) $\displaystyle\int_C \dfrac{iz^2-1}{z^2+1}dz$, C：円 $|z|=3$ を反時計回りに 1 周

(7) $\displaystyle\int_C \dfrac{z^2+i}{(z+1)^2}dz$, C：円 $|z-i|=3$ を反時計回りに 1 周

(8) $\displaystyle\int_C \dfrac{\sin z}{(z^2-\frac{\pi^2}{4})}dz$, C：円 $|z|=2$ を反時計回りに 1 周

(9) $\displaystyle\int_C \dfrac{z+1}{z^4-2z^3}dz$, C：円 $|z|=\dfrac{1}{2}$ を反時計回りに 1 周

(10) $\displaystyle\int_C \left(\sin z^2 + \dfrac{1}{z^2}\right)dz$,

問題 A   77

C：4 点 $2i, -1, -3i, 1$ を頂点とする四角形の辺を反時計回りに 1 周

9. 次の関数を指定された点でのテイラー級数，またはローラン級数に展開し，昇べきの順に並べて最初のゼロでない 3 項までをかけ．またその点での留数はいくらか求めよ 〈§4.9〉．

(1) $f(z) = z^3 + 2z^2 + 2z \quad (z = -1)$ (2) $f(z) = \dfrac{2}{z - \pi} \quad (z = 0, \pi)$

(3) $f(z) = \dfrac{z}{(z-1)(z-3)} \quad (z = 0)$ (4) $f(z) = \dfrac{z^2 + 1}{z^2 - 1} \quad (z = 1)$

(5) $f(z) = \dfrac{i}{z^2(z-4)^2} \quad (z = 4)$ (6) $f(z) = \sin z \quad (z = \pi)$

(7) $f(z) = \dfrac{\cos z}{z - \pi/2} \quad \left(z = \dfrac{\pi}{2}\right)$ (8) $f(z) = \dfrac{1 - e^{2z}}{z^4} \quad (z = 0)$

(9) $f(z) = \dfrac{\sin 2z}{5z^2} \quad (z = 0)$ (10) $f(z) = \dfrac{\sinh z}{(z^2 + 4)^2} \quad (z = 0)$

10. 次の実定積分を複素積分を使って求めよ（参考：「計算力をつける応用数学」§4.10.2）．

(1) $\displaystyle\int_0^\infty \dfrac{1}{3 + x^2} dx$ (2) $\displaystyle\int_{-\infty}^\infty \dfrac{x^2}{(x^2+2)^2} dx$

(3) $\displaystyle\int_0^{2\pi} \dfrac{1}{5 - 3\sin\theta} d\theta$ (4) $\displaystyle\int_0^{2\pi} \dfrac{2\cos\theta}{5 - 4\cos\theta} d\theta$

(5) $\displaystyle\int_{-\infty}^\infty \dfrac{5}{x^2 - 2x + 3} dx$ (6) $\displaystyle\int_{-\infty}^\infty \dfrac{x}{(x^2+2)(x^2+2x+3)} dx$

(7) $\displaystyle\int_{-\infty}^0 \dfrac{1}{(2+x^2)^3} dx$ (8) $\displaystyle\int_{-\pi}^\pi \dfrac{1}{1 + \sin^2\theta} d\theta$

(9) $\displaystyle\int_0^{2\pi} \dfrac{1}{1 + a^2 - 2a\cos\theta} d\theta, \quad a$ は定数で $0 < a < 1$

$\left(\text{ヒント：} I = \dfrac{1}{2\pi i} \displaystyle\int_C \dfrac{1}{(z-a)(z-\frac{1}{a})} dz, \quad C：円 |z| = 1 \text{ を反時計回りに 1 周}\right)$

(10) $\displaystyle\int_0^{2\pi} \dfrac{1}{a^2\cos^2\theta + b^2\cos^2\theta} d\theta, \quad a, b$ は正の定数

$\left(\text{ヒント：} I = \displaystyle\int_C \dfrac{1}{z} dz, \quad C：x = a\cos\theta,\ y = b\sin\theta,\ \theta = 0 \to 2\pi\right)$

11. 次の多価関数の計算をせよ ⟨§4.10⟩.

(1) $(-i)^{\frac{1}{3}}$ のすべての値を求めよ　　(2) $256^{\frac{1}{4}}$ のすべての値を求めよ

(3) $\log(-5)$ のすべての値を求めよ　　(4) $\log(2i)$ のすべての値を求めよ

(5) $\log(-3+3i)$ のすべての値を求めよ

(6) $1^{-\sqrt{3}}$ のすべての値を求めよ　　(7) $(-i)^{-3i}$ のすべての値を求めよ

(8) $\dfrac{d}{dz}z^{\frac{1}{3}}$ 　　(9) $\dfrac{d}{dz}\sqrt{z^3-2i}$

(10) $\dfrac{d}{dz}\log(z^2+iz-i)$

問題 B

1. $z=x+yi$（x,y は実数）とする．次の関数の実部 u と虚部 v を x と y の関数として求めよ．そしてそれらが，コーシー–リーマンの方程式を満たすかどうか調べよ ⟨§4.1, §4.2⟩.

(1) $f(z)=x^3+3xy^2+i(3x^2y+y^3)$

(2) $f(z)=e^{x^2-y^2}(\cos 2xy+i\sin 2xy)$

(3) $f(z)=\dfrac{1}{2}\log(x^2+y^2)+i\dfrac{y}{x}$　　(4) $f(z)=\dfrac{x}{x^2+y^2}+\dfrac{iy}{x^2+y^2}$

(5) $f(z)=\sin 2z$　　(6) $f(z)=\cos 3iz$

(7) $f(z)=\sinh\overline{z}$　　(8) $f(z)=\dfrac{z^2+4}{z}$

(9) $f(z)=\mathrm{Im}(z^2)-i\mathrm{Re}(z^2)$　　(10) $f(z)=\dfrac{z}{z+1}$

2. 次の関数を微分せよ ⟨§4.3, §4.4, §4.5, §4.6⟩.

(1) $f(z)=\cos 2iz$　　(2) $f(z)=ze^{-iz}$

(3) $f(z)=e^{3iz}\sin 5z$　　(4) $f(z)=\sin^2(2z+3i)$

(5) $f(z)=2\sin\dfrac{z^2}{3}$　　(6) $f(z)=3\sinh^2(2z-1+i)$

問題 B

(7) $f(z) = \tan^3(z^2 - 4z + i)$ (8) $f(z) = (z^2 - i)\cos(z - 2i)$

(9) $f(z) = \dfrac{\cosh 2z - 1}{z^2}$ (10) $f(z) = \dfrac{z - \sin iz}{z^3}$

3. 次の関数の極をすべてあげ，何位の極か調べよ〈§4.7〉.

(1) $f(z) = \cos(z^2 - iz + 2 + i)$ (2) $f(z) = \dfrac{e^{iz}}{z}$

(3) $f(z) = \dfrac{\sin 3iz}{z^2}$ (4) $f(z) = \dfrac{\cos z}{(z - i)^3}$

(5) $f(z) = \dfrac{e^z}{(z - \pi i)^4}$ (6) $f(z) = \dfrac{\tan z}{z^2}$

(7) $f(z) = \dfrac{\cos z - 1}{z^2}$ (8) $f(z) = e^{z^2}$

(9) $f(z) = \dfrac{\sin z}{(z - \pi)^2}$ (10) $f(z) = \dfrac{e^z - 1}{z^2}$

4. 次の積分を，線積分を使った計算公式を用いて計算せよ〈§4.8.1, §4.8.2〉.

(1) $\displaystyle\int_C \mathrm{Re}(z)dz,\quad C: z = x + yi,\ x = t,\ y = -t^2 + 1,\ t = 1 \to 0$

(2) $\displaystyle\int_C |z|^2 dz,\quad C: z = x + yi,\ x = t,\ y = t - 1,\ t = 0 \to 1$

(3) $\displaystyle\int_C \mathrm{Im}(z)dz,\quad C: z = e^{i\theta},\ \theta = \dfrac{\pi}{2} \to \theta = \dfrac{3\pi}{2}$

(4) $\displaystyle\int_C \dfrac{z}{|z|}dz,\quad C: z = 3e^{i\theta},\ \theta = 0 \to \dfrac{\pi}{2}$

(5) $\displaystyle\int_C e^{\mathrm{Re}(z)}dz,\quad C: z = x + yi,\ x = t,\ y = 2,\ t = 2 \to -2$

(6) $\displaystyle\int_C \dfrac{1}{z + 2i}dz,\quad C: z = -2i$ を中心とする半径 3 の円を反時計回りに 1 周

(7) $\displaystyle\int_C \dfrac{1}{z - i}dz,\quad C: z = i$ を中心とする半径 1 の円を時計回りに 1 周

(8) $\displaystyle\int_C \dfrac{1}{z - 2i}dz,\quad C: z = 2i$ を中心とする半径 2 の円を時計回りに 2 周

(9) $\displaystyle\int_C \dfrac{1}{2z - 4\pi i}dz,\quad C: z = 2\pi i + 2e^{i\theta},\ \theta = \dfrac{\pi}{3} \to \dfrac{5\pi}{3}$

(10) $\int_C \frac{1}{z}dz$, $C = C_1 + C_2$

C_1：原点を中心とする半径 1 の円を反時計回りに，$z=1$ から $z = \frac{\sqrt{2}}{2} + \frac{\sqrt{2}}{2}i$ まで

$C_2 : z = \frac{\sqrt{2}}{2} + \frac{\sqrt{2}}{2}i$ から $z = \frac{\sqrt{2}}{4} + \frac{\sqrt{2}}{4}i$ まで，直線に沿って

5. 次の定積分を，不定積分を利用して計算せよ〈§4.6, §4.8.4〉．

(1) $\int_{1-i}^{3+i} (2z-i)^3 dz$

(2) $\int_{-1}^{i\pi} z^2 e^z dz$

(3) $\int_0^{2\pi} z^2 \cos 4z\, dz$

(4) $\int_0^{3i} z^3 \sinh \pi z\, dz$

(5) $\int_1^{2i} ze^{z^2} dz$

(6) $\int_{1-i}^{0} z^3 \sinh \pi z^4 dz$

(7) $\int_0^{\frac{1}{4}\pi i} e^z \cos z\, dz$

(8) $\int_i^0 (z^2 - i)(z^3 - 3zi)^3 dz$

(9) $\int_0^i \left\{ 2z \sin \pi z^2 - 3z^2 \cosh \pi (2z^3 - i) \right\} dz$

(10) $\int_0^{2\pi i} e^{2z} \sin 2z\, dz$

6. 次の積分をコーシーの積分公式や，グルサーの定理に出てくる公式を使って求めよ〈§4.8.3, §4.8.5, §4.8.6〉．

(1) $\int_C \frac{\cos z}{z} dz$, C：4 点 $(\pm 1 \pm i)$ を頂点とする四角形の辺を反時計回りに 1 周

(2) $\int_C \frac{z}{\sin z} dz$, C：円 $|z| = \frac{1}{10}$ を反時計回りに 1 周

(3) $\int_C \frac{1}{z \cos z} dz$, C：円 $|z| = 0.001$ を反時計回りに 1 周

(4) $\int_C \frac{1}{z^2 + z - 2} dz$,

　　　C：4 点 $\frac{3}{2}(\pm 1 \pm i)$ を頂点とする四角形の辺を反時計回りに 1 周

(5) $\int_C \frac{\cos z}{(z - \frac{\pi}{2})^2} dz$, C：円 $|z| = 2$ を反時計回りに 1 周

問題 B

(6) $\displaystyle\int_C \frac{\sin \pi z}{z^2+2z+1} dz$, C：円 $|z|=2$ を反時計回りに 1 周

(7) $\displaystyle\int_C \frac{z\cos \pi z}{z^2+2z+1} dz$, C：円 $|z-i|=4$ を反時計回りに 1 周

(8) $\displaystyle\int_C \frac{\sinh 3z}{z^4} dz$,
$\quad\quad\quad\quad C$：4 点 $(\pm 1 \pm i)$ を頂点とする四角形の辺を反時計回りに 1 周

(9) $\displaystyle\int_C \frac{1}{z^2 \cos z} dz$, C：円 $|z|=0.2$ を反時計回りに 1 周

(10) $\displaystyle\int_C \frac{1}{z^2(z+1)(z-2)} dz$, C：円 $|z|=0.01$ を反時計回りに 1 周

7. 次の関数の括弧の中に指定された極での留数を求めよ 〈§4.8.7〉.

(1) $f(z)=\dfrac{i \sinh z}{z^2+\pi^2/4}$ $\left(z=\pm\dfrac{\pi}{2}i\right)$ (2) $f(z)=\dfrac{\sin^2 \pi z}{(4z^2-1)^2}$ $\left(z=\pm\dfrac{1}{2}\right)$

(3) $f(z)=\dfrac{z^2+4}{z^3+2z^2+2z}$ (4) $f(z)=\dfrac{z}{1-e^{2z}}$ $(z=\pi i)$
(分母 $=0$ と置いて得られる解)

(5) $f(z)=\dfrac{e^z}{\cos z}$ $\left(z=\dfrac{\pi}{2}\right)$ (6) $f(z)=\dfrac{2}{\sin z}$ $(z=2\pi)$

(7) $f(z)=\dfrac{\sin z}{(z^2+iz)^2}$ $(z=0,-i)$ (8) $f(z)=\dfrac{\cos \pi z}{(z-1)^5}$ $(z=1)$

(9) $f(z)=\tanh z$ $\left(z=\dfrac{\pi}{2}i\right)$ (10) $f(z)=\dfrac{e^{2iz}}{\sin 2z \cos 2z}$ $\left(z=0,\dfrac{\pi}{4}\right)$

8. 次の積分を留数を使って求めよ 〈§4.8.7〉.

(1) $\displaystyle\int_C \frac{e^{2i\sin z}}{z^2} dz$, C：円 $|z|=1$ を反時計回りに 1 周

(2) $\displaystyle\int_C \frac{z^2}{1-e^z} dz$,
$\quad\quad\quad\quad C$：$3\pi i, \pm 2+3i$ を頂点とする三角形の辺を反時計回りに 1 周

(3) $\displaystyle\int_C \frac{\cosh \pi z}{z^3} dz$, C：$\pm 2\pm 2i$ を頂点とする四角形の辺を反時計回りに 1 周

(4) $\displaystyle\int_C \frac{3\sinh 3z}{(z-\frac{\pi}{4}i)^2} dz$,
$\quad\quad\quad\quad C$：$\pm 2\pm 2i$ を頂点とする四角形の辺を反時計回りに 1 周

(5) $\displaystyle\int_C \frac{4-5\sin \pi z}{z(z-1)^2}dz$, C：円 $|z-1|=2$ を反時計回りに 1 周

(6) $\displaystyle\int_C \frac{3e^z}{z^2+\pi^2}dz$, C：$\pm 8, 8i$ を頂点とする三角形の辺を反時計回りに 1 周

(7) $\displaystyle\int_C \frac{e^z}{\cosh z}dz$, C：円 $\left|z-\frac{\pi}{2}i\right|=1$ を反時計回りに 1 周

(8) $\displaystyle\int_C \frac{5iz^2}{(z+4)(z-1)^2}dz$, C：円 $|z-1|=2$ を反時計回りに 1 周

(9) $\displaystyle\int_C \frac{2ie^{zt}}{z^2(z^2+2z+2)}dz$,
C：$\pm 2-2i, \pm 3+2i$ を頂点とする四角形の辺を反時計回りに 1 周（t は定数）

(10) $\displaystyle\int_C \frac{z^2+3}{(z+1)^2(z^2+9)z^2}dz$, C：円 $\left|z+\frac{1}{2}\right|=1$ を反時計回りに 1 周

9. 次の関数を指定された点でのテイラー級数またはローラン級数に展開し，昇べきの順に並べて最初のゼロでない 3 項までをかけ．またその点での留数はいくらか求めよ〈§4.9〉．

(1) $f(z)=\dfrac{z}{\sin z}$ $(z=0)$ (2) $f(z)=\dfrac{1}{z\sin z}$ $(z=0, \pi)$

(3) $f(z)=\dfrac{e^{-z^2}}{\sin 3z}$ $(z=0)$ (4) $f(z)=\dfrac{\cos z}{\sin^2 z}$ $(z=\pi)$

(5) $f(z)=\dfrac{e^z-1}{\sin^2 z}$ $(z=0)$ (6) $f(z)=\dfrac{1-\cos z}{z^2\sin z}$ $(z=0)$

(7) $f(z)=\dfrac{e^{iz}}{\cos z}$ $\left(z=\dfrac{\pi}{2}\right)$ (8) $f(z)=\dfrac{2z-\sin 2z}{z^3}$ $(z=0)$

(9) $f(z)=\dfrac{\cosh z}{z(z^4+5z^2+6)}$ $(z=0)$

(10) $f(z)=\dfrac{e^{zt}}{z(z^2+1)}$ $(z=-i$, ただし t は定数$)$

10. 次の実定積分を，複素積分を使って求めよ（参考：「計算力をつける応用数学」§4.10.2）．

(1) $\displaystyle\int_0^\infty \frac{2x^2}{x^4+x^2+1}dx$ (2) $\displaystyle\int_{-\infty}^\infty \frac{2x^2}{(x^2+3)(x^2+x+1)}dx$

(3) $\displaystyle\int_0^\infty \frac{1}{(x^2+1)^2(x^2+3)^2}dx$ (4) $\displaystyle\int_{-\infty}^\infty \frac{2}{(x^2+2)^2(x^2-2x+3)}dx$

(5) $\displaystyle\int_{-\infty}^\infty \frac{x}{(2x^2+6x+5)^2}dx$ (6) $\displaystyle\int_0^{2\pi} \frac{5\cos\theta}{13-12\cos 2\theta}d\theta$

(7) $\displaystyle\int_0^{2\pi} \frac{\cos 2\theta}{5-4\sin\theta}d\theta$ (8) $\displaystyle\int_0^{2\pi} \frac{2\cos 3\theta}{5+4\cos 2\theta}d\theta$

(9) $\displaystyle\int_0^{2\pi} \frac{2}{3-2\cos\theta+\sin\theta}d\theta$

(10) $\displaystyle\int_0^{2\pi} e^{2a\cos\theta}\cos(2a\sin\theta)d\theta$　（a は正の定数）

$\left(\text{ヒント}: I=\displaystyle\int_C \frac{e^{2z}}{z}dz,\quad C: x=a\cos\theta,\ y=a\sin\theta,\ \theta=0\to 2\pi\right)$

11. 次の多価関数の計算をせよ 〈§4.10〉.

(1) $(-1-\sqrt{3}i)^{\frac{1}{2}}$ のすべての値を求めよ

(2) $\log(-1-i)$ の値をすべて求めよ

(3) $\log(\sqrt{3}+i)$ の値をすべて求めよ

(4) $\log(e-ei)$ の値をすべて求めよ

(5) $(2-2\sqrt{3}i)^{\frac{3}{2}i}$ の値をすべて求めよ

(6) $(2+2i)^{2(1-i)}$ のすべての値を求めよ

(7) $\dfrac{d}{dz}\log(i+z^2)$ (8) $\dfrac{d}{dz}z^{2i}$

(9) $\dfrac{d}{dz}\sin(\sqrt{z^2-i})$ (10) $\dfrac{d}{dz}(z+3i)^{z-i}$

A 問題解答

第0章 複素数

問題A (p.4)

1. 実部を $\mathrm{Re}(z)$, 虚部を $\mathrm{Im}(z)$ とする
(1) $\mathrm{Re}(z) = 1$, $\mathrm{Im}(z) = 2$ (2) $\mathrm{Re}(z) = -3$, $\mathrm{Im}(z) = 1$
(3) $\mathrm{Re}(z) = \dfrac{1}{2}$, $\mathrm{Im}(z) = -1$ (4) $\mathrm{Re}(z) = \dfrac{1}{5}$, $\mathrm{Im}(z) = \dfrac{\sqrt{3}}{5}$
(5) $\mathrm{Re}(z) = 0$, $\mathrm{Im}(z)) = -2$ (6) $\mathrm{Re}(z) = 4$, $\mathrm{Im}(z) = 0$

2. (5) $-2i$

3. (1) $6 + 3i$ (2) $-\sqrt{2} + \sqrt{2}i$ (3) $\pi + \dfrac{\pi}{2}i$ (4) $-i$

4. (1) i (2) $\sqrt{2}i$ (3) $2i$ (4) $2\sqrt{2}i$ (5) $5i$ (6) $2i$
(7) $4 + 3i$ (8) $3\sqrt{2} + (\sqrt{5} - \sqrt{3})i$ (9) $-1 - 4i$ (10) $-1 + \dfrac{5}{6}i$
(11) $-5 + 14i$ (12) $13 + 4i$ (13) $4 - \sqrt{2}i$ (14) $11 - \sqrt{15}i$ (15) i
(16) $\dfrac{7+i}{10}$ (17) $-\sqrt{3} - \sqrt{5}i$ (18) $\dfrac{\sqrt{6} - \sqrt{3}}{3}$
(19) (与式) $= \sqrt{2}i \times \sqrt{5}i = -\sqrt{10}$ (20) (与式) $= \sqrt{3}i \times 3\sqrt{3}i = -9$
(21) (与式) $= \dfrac{\sqrt{5}}{\sqrt{2}i} = -\sqrt{\dfrac{5}{2}}i$ (22) (与式) $= \dfrac{3\sqrt{3}}{\sqrt{3}i} = -3i$

5. (1) $r = \sqrt{2}$, $\theta = \dfrac{\pi}{4}$, $1 + i = \sqrt{2}\left(\cos\dfrac{\pi}{4} + i\sin\dfrac{\pi}{4}\right)$
(2) $r = 6$, $\theta = \dfrac{5}{6}\pi$, $-3\sqrt{3} + 3i = 6\left(\cos\dfrac{5}{6}\pi + i\sin\dfrac{5}{6}\pi\right)$
(3) $r = 2\sqrt{2}$, $\theta = -\dfrac{3}{4}\pi$, $-2 - 2i = 2\sqrt{2}\left\{\cos\left(-\dfrac{3}{4}\pi\right) + i\sin\left(-\dfrac{3}{4}\pi\right)\right\}$
(4) $r = 2\sqrt{3}$, $\theta = -\dfrac{\pi}{3}$, $\sqrt{3} - 3i = 2\sqrt{3}\left\{\cos\left(-\dfrac{\pi}{3}\right) + i\sin\left(-\dfrac{\pi}{3}\right)\right\}$

6. (1) $r = 2$, $\theta = \dfrac{\pi}{3} + 2n\pi$ $(n = 0, \pm 1, \pm 2, \cdots)$

$$1+\sqrt{3}i = 2\left\{\cos\left(\frac{\pi}{3}+2n\pi\right)+i\sin\left(\frac{\pi}{3}+2n\pi\right)\right\} \quad (n=0,\pm 1,\pm 2,\cdots)$$

(2) $r=4$, $\theta=-\dfrac{5}{6}\pi+2n\pi$ $(n=0,\pm 1,\pm 2,\cdots)$

$$-2\sqrt{3}-2i = 4\left\{\cos\left(-\frac{5}{6}\pi+2n\pi\right)+i\sin\left(-\frac{5}{6}\pi+2n\pi\right)\right\} \quad (n=0,\pm 1,\pm 2,\cdots)$$

(3) $r=2\sqrt{3}$, $\theta=-\dfrac{\pi}{6}+2n\pi$ $(n=0,\pm 1,\pm 2,\cdots)$

$$3-\sqrt{3}i = 2\sqrt{3}\left\{\cos\left(-\frac{\pi}{6}+2n\pi\right)+i\sin\left(-\frac{\pi}{6}+2n\pi\right)\right\} \quad (n=0,\pm 1,\pm 2,\cdots)$$

(4) $r=\dfrac{\sqrt{2}}{2}$, $\theta=\dfrac{3}{4}\pi+2n\pi$ $(n=0,\pm 1,\pm 2,\cdots)$

$$\frac{-1+i}{2} = \frac{\sqrt{2}}{2}\left\{\cos\left(\frac{3}{4}\pi+2n\pi\right)+i\sin\left(\frac{3}{4}\pi+2n\pi\right)\right\} \quad (n=0,\pm 1,\pm 2,\cdots)$$

7. (1) $|zw|=6$, $\arg(zw)=\dfrac{8}{15}\pi$, $\left|\dfrac{z}{w}\right|=\dfrac{3}{2}$, $\arg\left(\dfrac{z}{w}\right)=\dfrac{2}{15}\pi$

(2) $|zw|=\sqrt{2}$, $\arg(zw)=\dfrac{5}{6}\pi$, $\left|\dfrac{z}{w}\right|=\dfrac{\sqrt{2}}{2}$, $\arg\left(\dfrac{z}{w}\right)=\dfrac{\pi}{2}$

(3) $|zw|=3$, $\arg(zw)=\dfrac{2}{3}\pi$, $\left|\dfrac{z}{w}\right|=1$, $\arg\left(\dfrac{z}{w}\right)=\pi$

(4) $|zw|=2\sqrt{3}$, $\arg(zw)=-\dfrac{3}{7}\pi$, $\left|\dfrac{z}{w}\right|=\sqrt{3}$, $\arg\left(\dfrac{z}{w}\right)=\dfrac{\pi}{7}$

8. (1) -4 (2) $-8-8i$ (3) $-16+16\sqrt{3}i$ (4) i

9. (1) 25 (2) $-22+i$ (3) -5 (4) $-\sqrt{3}$

10. (1) 半径 $r=1$, 中心 $\alpha=1$ (2) 半径 $r=1$, 中心 $\alpha=i$

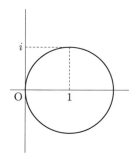

図　問 10 (1)

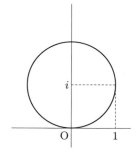

図　問 10 (2)

(3) 半径 $r = 2$, 中心 $\alpha = 3 + i$ (4) 半径 $r = 3$, 中心 $\alpha = -2 - i$

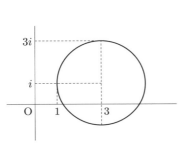
図　問 10 (3)

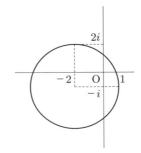
図　問 10 (4)

11. (1) $\dfrac{1}{2} + \dfrac{\sqrt{3}}{2}i$　(2) $-\dfrac{1}{2} + \dfrac{\sqrt{3}}{2}i$　(3) $-\dfrac{\sqrt{2}}{2} + \dfrac{\sqrt{2}}{2}i$　(4) -1　(5) $-\dfrac{1}{2} - \dfrac{\sqrt{3}}{2}i$
(6) $-i$　(7) $\dfrac{\sqrt{2}}{2} - \dfrac{\sqrt{2}}{2}i$　(8) 1　(9) $\dfrac{\sqrt{2}}{2} - \dfrac{\sqrt{2}}{2}i$　(10) $-\dfrac{\sqrt{3}}{2} - \dfrac{1}{2}i$

問題 B (p.6)

1. (1) $a = 3, b = 1$　(2) $a = 2, b = -1$

2. (1) $z = \sqrt{2} + \sqrt{2}i$　(2) $z = 2 + 2\sqrt{3}i$　(3) $-\dfrac{3\sqrt{3}}{2} + \dfrac{3}{2}i$
(4) $z = -\dfrac{\sqrt{3}}{2} - \dfrac{3}{2}i$　(5) $z = 2\sqrt{2} - 2\sqrt{2}i$　(6) $-\sqrt{5}$

3. (1) $-\dfrac{1}{4}$　(2) 1　(3) $\dfrac{1+i}{256}$
(4) $4\left(\cos\dfrac{4}{5}\pi + i\sin\dfrac{4}{5}\pi\right)$ $\left(\text{または } 4\left(-\cos\dfrac{\pi}{5} + i\sin\dfrac{\pi}{5}\right)\right)$
(5) $\cos\dfrac{\pi}{7} + i\sin\dfrac{\pi}{7}$　(6) $-\cos\dfrac{\pi}{5} - i\sin\dfrac{\pi}{5}$

4. (1) i　(2) $-\dfrac{\sqrt{2}}{2} - \dfrac{\sqrt{2}}{2}i$　(3) $-\dfrac{1}{2} - \dfrac{\sqrt{3}}{2}i$　(4) $-\dfrac{\sqrt{3}}{2} + \dfrac{1}{2}i$
(5) $1 + \sqrt{3}i$　(6) $\dfrac{3\sqrt{2}}{2} - \dfrac{3\sqrt{2}}{2}i$

5. (1) $e^{\frac{\pi}{4}i}$　(2) $e^{\frac{5}{6}\pi i}$　(3) $e^{-\frac{2}{3}\pi i}$　(4) $e^{-\frac{\pi}{2}i}$

6. (1) $z = a + bi$ （a, b は実数）とおく．
$$\frac{1}{z} = \frac{1}{a+bi} = \frac{a-bi}{a^2+b^2} = \frac{a}{a^2+b^2} - \frac{b}{a^2+b^2}i,$$
$$\left|\frac{1}{z}\right| = \sqrt{\left(\frac{a}{a^2+b^2}\right)^2 + \left(-\frac{b}{a^2+b^2}\right)^2} = \sqrt{\frac{a^2+b^2}{(a^2+b^2)^2}} = \frac{1}{\sqrt{a^2+b^2}}.$$
一方 $|z| = \sqrt{a^2+b^2}$ より $\dfrac{1}{|z|} = \dfrac{1}{\sqrt{a^2+b^2}}$. ゆえに等式は成立する

(2) $z = r(\cos\theta + i\sin\theta)$ （r, θ は実数）とおく．
$$\frac{1}{z} = \frac{1}{r(\cos\theta + i\sin\theta)} = \frac{1}{r}(\cos\theta - i\sin\theta) = \frac{1}{r}\{\cos(-\theta) + i\sin(-\theta)\}.$$
ゆえに $\arg\left(\dfrac{1}{z}\right) = -\theta = -\arg z$

7. (1) 半径 $r = 3$，中心 $\alpha = \pi$ (2) 半径 $r = 2$，中心 $\alpha = \pi i$

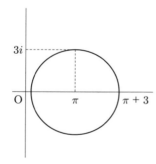

図 問 7 (1)

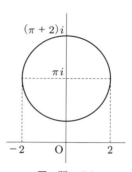

図 問 7 (2)

(3) 半径 $r = 1$，中心 $\alpha = 1 - \dfrac{2}{3}\pi i$

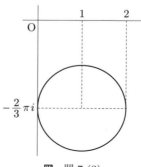

図 問 7 (3)

問題解答（第 1 章 常微分方程式）   89

8. (1) （左辺）$= \dfrac{e^{ix}}{i} = -ie^{ix} + C = -i(\cos x + i\sin x) + C = \sin x - i\cos x + C$

(2) （左辺）$= \dfrac{e^{(1+2i)x}}{1+2i} + C = \dfrac{1-2i}{5}e^x \cdot e^{2ix} + C = \dfrac{1-2i}{5}e^x(\cos 2x + i\sin 2x) + C$

$= \dfrac{1}{5}e^x(\cos 2x + i\sin 2x - 2i\cos 2x - 2i^2 \sin 2x) + C$

$= \dfrac{1}{5}e^x\{\cos 2x + 2\sin 2x + i(\sin 2x - 2\cos 2x)\} + C =$ （右辺）

9. 次のようにおく．

$J = \displaystyle\int e^{(3+2i)x}\, dx$，積分定数 $C = C_1 + C_2 i$ （C_1, C_2 は実数）

$J = \dfrac{e^{(3+2i)x}}{3+2i} + C = e^{3x}\left(\dfrac{3}{13} - \dfrac{2}{13}i\right)(\cos 2x + i\sin 2x) + C$

$= \dfrac{1}{13}e^{3x}(3\cos 2x + 2\sin 2x) + C_1 + \left\{\dfrac{1}{13}e^{3x}(3\sin 2x - 2\cos 2x) + C_2\right\}i$

一方，

$J = \displaystyle\int e^{3x}\cos 2x\, dx + i\int e^{3x}\sin 2x\, dx$ であるから，

$\displaystyle\int e^{3x}\cos 2x\, dx = \dfrac{1}{13}e^{3x}(3\cos 2x + 2\sin 2x) + C_1$,

$\displaystyle\int e^{3x}\sin 2x\, dx = \dfrac{1}{13}e^{3x}(3\sin 2x - 2\cos 2x) + C_2$

第 1 章　常微分方程式

問題 A (p.14)

1. (1) $y = t + C$　(2) $y = x^2 + 4x + C$　(3) $y = 3x^2 + C_1 x + C_2$
(4) $y = \dfrac{1}{2}x^3 - \dfrac{1}{2}x^2 + C_1 x + C_2$　(5) $y = \dfrac{2}{3}t^3 + C_1 t^2 + C_2 t + C_3$　(6) $y = \dfrac{1}{2}e^{2x} + C$

2. (1) $y'' = 0$　(2) $y''' = 0$
(3) $x - 3 + (y-2)y' = 0$（整理すると $yy' - 2y' + x - 3 = 0$）
(4) $x + 4yy' = 0$　(5) $5x - 9yy' = 0$
(6) $2yy' = a$ より $2xyy' = ax = y^2$, $2xy' = y$. ゆえに $y = 2xy'$

3. (1) $y' = Cx$　(2) $y' = \dfrac{C}{x}$　(3) $y' = Cy$　(4) $y' = \dfrac{C}{y}$　(5) $y' = Cx^2$

(6) $y' = Cy^2$ (7) $y' = 1$ (8) $y' = \pi$ (9) $y' = 2$ (10) $3y' = -1$ $\left(\text{または } y' = -\dfrac{1}{3}\right)$

(11) $\dfrac{y-2}{x-1}y' = -1$ (12) $\dfrac{y-4}{x+2}y' = -1$ (13) $y' = Ce^x$ (14) $y' = C\log x$

4. 参考：「計算力をつける微分積分」p. 68 公式
(1) $\log|x| + C$ (2) $\log|x+1| + C$ (3) $\log|y| + C$ (4) $\log|y-3| + C$
(5) $\log|2x+1| + C$ (6) $\dfrac{1}{2}\log|2y+1| + C$ (7) $-\log|x-1| + C$ (または $-\log|1-x| + C$)
(8) $-\dfrac{1}{3}\log|3y-2| + C$ $\left(\text{または } -\dfrac{1}{3}\log|2-3y| + C\right)$

5. (1) $y = x + 1$ (2) $y = x^2 + 2x - 1$ (3) $y = x^2 - 2x$
(4) $y = C(x-1) - 2$ (e^C を C に置き換えた) (5) $y = e^x$ (6) $y = e^{x+2} + 1$
(7) $y = Ce^x + 2$ (e^C を C に置き換えた) (8) $y = e^x(2x+1)$

6. (1) $y^2 = 2\log x + C$ (2) $e^x + e^{-y} + x + c = 0$ (3) $y = Ce^{2x^2}$
(4) $y = C(x+1) + 1$ (5) $y = C\sqrt{2x+1} + 2$ (6) $2y^2 + Cxy^2 - x = 0$

7. (1) $y = xv$ とおくと $y' = v'x + v$. $v'x + v = 3v + 1$, $v'x = 2v + 1$,
$\displaystyle\int \dfrac{1}{2v+1}\,dv = \int \dfrac{1}{x}\,dx + C$, $\dfrac{1}{2}\log(2v+1) = \log x + C$,
$(2v+1)^{\frac{1}{2}} = Cx$. $v = \dfrac{y}{x}$ より $2\dfrac{y}{x} + 1 = Cx^2$. ゆえに $y = Cx^3 - \dfrac{1}{2}x$

(2) $y = xv$ とおくと $y' = v'x + v$. $v'x + v = 2v - \dfrac{3}{v}$, $v'x = \dfrac{v^2 - 3}{v}$,
$\displaystyle\int \dfrac{v}{v^2 - 3}\,dv = \int \dfrac{1}{x}\,dx + C$. $\dfrac{d}{dv}(v^2 - 3) = 2v$ より $\dfrac{1}{2}\log(v^2 - 3) = \log x + C$,
$\log(v^2 - 3) = 2\log x + 2C$, $v^2 - 3 = Cx^2$ (e^{2C} を C に). $v = \dfrac{y}{x}$ より $\dfrac{y^2}{x^2} - 3 = Cx^2$.
ゆえに $y^2 - 3x^2 = Cx^4$

(3) $y = xv$ とおくと $y' = v'x + v$. $y' = \dfrac{x^2 - y^2}{xy} = \dfrac{x}{y} - \dfrac{y}{x}$ より
$v'x + v = \dfrac{1}{v} - v$, $v'x = \dfrac{1}{v} - 2v = \dfrac{1 - 2v^2}{v}$, $\displaystyle\int \dfrac{v}{2v^2 - 1}\,dv = -\int \dfrac{1}{x}\,dx + C$.
$\dfrac{d}{dv}(2v^2 - 1) = 4v$ より $\dfrac{1}{4}\log(2v^2 - 1) = -\log x + C$, $4C$ を $\log C$ とすると
$\log(2v^2 - 1) = -4\log x + \log C$, $2v^2 - 1 = \dfrac{C}{x^4}$. $v = \dfrac{y}{x}$ より $2\dfrac{y^2}{x^2} - 1 = \dfrac{C}{x^4}$.
$2x^2y^2 - x^4 = C$, すなわち $x^4 - 2x^2y^2 = C$ ($-C$ を C に)

(4) $y = xv$ とおくと $y' = v'x + v$. $v'x + v = \dfrac{v}{1+v^2}$, $(v'x + v)\dfrac{1+v^2}{v} = 1$,

$v'x\dfrac{1+v^2}{v} = -v^2$, $\dfrac{1+v^2}{v^3} dv = -\dfrac{1}{x} dx$, $\displaystyle\int \left(\dfrac{1}{v^3} + \dfrac{1}{v}\right) dv = -\int \dfrac{1}{x} dx + C$,

$-\dfrac{1}{2v^2} + \log v = -\log x + C$. $v = \dfrac{y}{x}$ より $-\dfrac{x^2}{2y^2} + \log \dfrac{y}{x} = -\log x + C$,

$\log \dfrac{y}{x} + \log x = \dfrac{x^2}{2y^2} + C$, $\log y = \dfrac{x^2}{2y^2} + C$. ゆえに $y = Ce^{\frac{x^2}{2y^2}}$ (e^C を C に)

8. 両辺に $e^{\int P(x)dx}$ を掛けると $\dfrac{dy}{dx} \cdot e^{\int P(x)dx} + yP(x)e^{\int P(x)dx} = Q(x)e^{\int P(x)dx}$.

積の微分公式より $\{ye^{\int P(x)dx}\}' = Q(x)e^{\int P(x)dx}$.

両辺を積分すると $ye^{\int P(x)dx} = \displaystyle\int Q(x)e^{\int P(x)dx} dx + C$.

両辺に $e^{-\int P(x)dx}$ を掛けると $y = e^{-\int P(x)dx}\left\{\displaystyle\int Q(x)e^{\int P(x)dx} dx + C\right\}$

9. (1) $y = -e^{2x} + Ce^{3x}$ (2) $y = e^x - \dfrac{1}{x}e^x + \dfrac{C}{x}$ (3) $y = \dfrac{1}{2}e^{2x} - \dfrac{e^{2x}}{4x} + \dfrac{C}{x}$

(4) $y = x\log x + Cx$ (5) $y = \dfrac{x}{2}\log x - \dfrac{x}{4} + \dfrac{C}{x}$ (6) $y = xe^{\cos x} + Cx$

10. (1) $x^2 + xy + 2y^2 = C$ (2) $x^3 + 3xy^2 - y^3 = C$ (3) $2x^3 - 6x^2y + 3y^2 = C$
(4) $x^2y + xy + x + y = C$ (5) $x^2 - 4xy + y^2 - 2x - 2y = C$ (6) $e^{x+y} + e^y + x + 2y = C$

11. (1) $t^2 + t - 2 = 0$. $t = 1, -2$. $y = C_1 e^x + C_2 e^{-2x}$
(2) $t^2 - t - 2 = 0$. $t = 2, -1$. $y = C_1 e^{2x} + C_2 e^{-x}$
(3) $t^2 + 5t + 4 = 0$. $t = -1, -4$. $y = C_1 e^{-x} + C_2 e^{-4x}$
(4) $t^2 - 3t - 4 = 0$. $t = 4, -1$. $y = C_1 e^{4x} + C_2 e^{-x}$
(5) $t^2 - 5t + 6 = 0$. $t = 2, 3$. $y = C_1 e^{2x} + C_2 e^{3x}$
(6) $t^2 + 6t + 8 = 0$. $t = -2, -4$. $y = C_1 e^{-2x} + C_2 e^{-4x}$
(7) $t^2 - 6t + 9 = 0$. $t = 3$ (重解). $y = (C_1 + C_2 x)e^{3x}$
(8) $t^2 + 8t + 16 = 0$. $t = -4$ (重解). $y = (C_1 + C_2 x)e^{-4x}$
(9) $t^2 + 4t + 4 = 0$. $t = -2$ (重解). $y = (C_1 + C_2 x)e^{-2x}$
(10) $t^2 + 2\sqrt{3}t + 3 = 0$. $t = -\sqrt{3}$ (重解). $y = (C_1 + C_2 x)e^{-\sqrt{3}x}$

12. (1) $t^2 + 3t + 3 = 0$. $t = \dfrac{-3 \pm \sqrt{3}i}{2}$. $y = C_1 e^{-\frac{3}{2}x} \sin\dfrac{\sqrt{3}}{2}x + C_2 e^{-\frac{3}{2}x} \cos\dfrac{\sqrt{3}}{2}x$

(2) $t^2 + t + 4 = 0$. $t = \dfrac{-1 \pm \sqrt{15}i}{2}$. $y = C_1 e^{-\frac{1}{2}x} \sin \dfrac{\sqrt{15}}{2}x + C_2 e^{-\frac{1}{2}x} \cos \dfrac{\sqrt{15}}{2}x$

(3) $t^2 - 3t + 5 = 0$. $t = \dfrac{3 \pm \sqrt{11}i}{2}$. $y = C_1 e^{\frac{3}{2}x} \sin \dfrac{\sqrt{11}}{2}x + C_2 e^{\frac{3}{2}x} \cos \dfrac{\sqrt{11}}{2}x$

(4) $t^2 - 4t + 8 = 0$. $t = 2 \pm 2i$. $y = C_1 e^{2x} \sin 2x + C_2 e^{2x} \cos 2x$

(5) $t^2 + 2t + 2 = 0$. $t = -1 \pm i$. $y = C_1 e^{-x} \sin x + C_2 e^{-x} \cos x$

(6) $t^2 - 6t + 10 = 0$. $t = 3 \pm i$. $y = C_1 e^{3x} \sin x + C_2 e^{3x} \cos x$

(7) $t^2 + 1 = 0$. $t = \pm i$. $y = C_1 \sin x + C_2 \cos x$

(8) $t^2 + 9 = 0$. $t = \pm 3i$. $y = C_1 \sin 3x + C_2 \cos 3x$

(9) $4t^2 + 9 = 0$. $t = \pm \dfrac{3}{2}i$. $y = C_1 \sin \dfrac{3}{2}x + C_2 \cos \dfrac{3}{2}x$

(10) $25t^2 + 3 = 0$. $t = \pm \dfrac{\sqrt{3}}{5}i$. $y = C_1 \sin \dfrac{\sqrt{3}}{5}x + C_2 \cos \dfrac{\sqrt{3}}{5}x$

13. (1) $y = C_1 e^{-x} + C_2 e^{-2x} + 2x + 1$ (2) $y = C_1 e^{-2x} + C_2 e^{-3x} + 3x - 1$
(3) $y = C_1 e^{3x} + C_2 e^{-x} + x^2 + x + 1$ (4) $y = (C_1 + C_2 x)e^{2x} - x^2 - 2x + 1$
(5) $y = C_1 e^{2x} + C_2 e^{-5x} + 2e^x$ (6) $y = C_1 e^{(2+\sqrt{2})x} + C_2 e^{(2-\sqrt{2})x} + e^{-2x}$
(7) $y = (C_1 + C_2 x)e^{-3x} + 3e^{-x}$ (8) $y = C_1 e^{-x} \sin \sqrt{2}x + C_2 e^{-x} \cos \sqrt{2}x + e^{-x}$
(9) $y = C_1 e^{-x} + C_2 e^{-3x} - \sin 2x + 2\cos 2x$ (10) $y = C_1 e^{2x} + C_2 e^{-x} + \sin 3x - \cos 3x$
(11) $y = C_1 e^{-2x} + C_2 e^{-3x} + \sin 2x + 3\cos 2x$ (12) $y = C_1 e^x + C_2 e^{3x} + 2\sin x + \cos x$

14. (1) $y = C_1 + C_2 e^{4x} + x^2 - x$ (2) $y = C_1 + C_2 e^{\frac{1}{3}x} - \dfrac{1}{2}x^2 + x$
(3) $y = C_1 e^x + C_2 e^{2x} + 3xe^{2x}$ (4) $y = C_1 e^x + C_2 e^{-3x} + 2xe^x$
(5) $y = C_1 \sin 2x + C_2 \cos 2x + x(\sin 2x + \cos 2x)$
(6) $y = C_1 \sin 3x + C_2 \cos 3x + x(\sin 3x + \cos 3x)$

15. (1) $2t = 0$ (2) $t^2 = 0$ (3) $t^3 - t^2 + 4t + 1 = 0$ (4) $3t^4 + t^2 - 2 = 0$

16. (1) $y' = 0$ （または $\dfrac{dy}{dx} = 0$） (2) $y'' + y' + y = 0$ $\left(\text{または } \dfrac{d^2y}{dx^2} + \dfrac{dy}{dx} + y = 0\right)$

(3) $4y''' + 2y'' + y' - 5y = 0$ $\left(\text{または } 4\dfrac{d^3y}{dx^3} + 2\dfrac{d^2y}{dx^2} + \dfrac{dy}{dx} - 5y = 0\right)$

(4) $y^{(4)} - y''' + 3y'' - 3y' = 0$ $\left(\text{または } \dfrac{d^4y}{dx^4} - \dfrac{d^3y}{dx^3} + 3\dfrac{d^2y}{dx^2} - 3\dfrac{dy}{dx} = 0\right)$

17. (1) $y = C_1 + C_2 x$ (2) $y = C_1 + C_2 x + C_3 x^2$
(3) $y = C_1 + C_2 x + C_3 x^2 + C_4 x^3$ (4) $y = C_1 + C_2 x + C_3 x^2 + C_4 x^3 + C_5 x^4$

18. (1) $y = C_1 + C_2 x$ (2) $y = C_1 + C_2 x + C_3 x^2$ (3) $y = Ce^x$ (4) $y = (C_1 + C_2 x)e^{2x}$
(5) $y = (C_1 + C_2 x + C_3 x^2)e^{2x}$ (6) $y = (C_1 + C_2 x + C_3 x^2 + C_4 x^3)e^{3x}$
(7) $y = C_1 e^x + C_2 e^{3x} + C_3 e^{5x}$ (8) $y = C_1 + C_2 e^{-x} + C_3 e^{-2x}$
(9) $y = (C_1 + C_2 x)e^x + C_3 e^{-3x}$ (10) $y = C_1 e^x + C_2 e^{2x} + C_3 e^{-2x}$

19. (1) $y = C_1 + C_2 e^x + C_3 e^{-x}$ (2) $y = C_1 + C_2 e^{2x} + C_3 e^{-x}$
(3) $y = C_1 + C_2 x + C_3 e^{-3x}$ (4) $y = C_1 + C_2 x + C_3 x^2 + C_4 e^x$

20. (1) $y = C_1 + C_2 e^{2x} + C_3 e^{-x} - \dfrac{1}{2}x$ (2) $y = C_1 + C_2 e^x + C_3 e^{-x} - \dfrac{1}{3}x^3 - \dfrac{1}{2}x^2 - 3x$
(3) $y = C_1 e^x + C_2 e^{2x} + C_3 e^{-2x} - \dfrac{1}{2}e^{-x}$

21. (1) $i = C\dfrac{dv}{dt}$ (2) $v = L\dfrac{di}{dt}$

22. (1) $\dfrac{dy}{dt} = ky$ (2) $t = 0$ のとき $y = C_0$ とすると $y = C_0 e^{kt}$, $\dfrac{1}{2}C_0 = C_0 e^{1000k}$.
$1000k = -\log 2$, $k = -6.931 \times 10^{-4}/$年 (3) 5644 年

23. $-\dfrac{dz}{dt} = \dfrac{\sqrt{2gz}\,a}{S}$ より $\dfrac{dz}{\sqrt{z}} = -\dfrac{a\sqrt{2g}}{S}dt$. 両辺を積分すると
$2\sqrt{z} = -\dfrac{a\sqrt{2g}}{S}t + C$. 条件より $C = 2$. したがって $\sqrt{z} = -\dfrac{a\sqrt{2g}}{2S}t + 1$
$\left(\text{または } \sqrt{z} = -\dfrac{a}{S}\sqrt{\dfrac{g}{2}}\,t + 1\right)$

24. 両辺を L で割り，線形 1 階微分方程式の一般解公式を用いる．
最後に $t = 0$, $I = 0$ を代入し，任意定数を定める．
$$I(t) = \dfrac{\omega EL}{R^2 + \omega^2 L^2}\left(\dfrac{R}{\omega L}\sin\omega t - \cos\omega t + e^{-\frac{R}{L}t}\right)$$
$\left(\text{または } I(t) = \dfrac{E}{R^2 + \omega^2 L^2}\left(R\sin\omega t - \omega L\cos\omega t + \omega L e^{-\frac{R}{L}t}\right)\right.$
$= E\left\{\sin(\omega t + \alpha) + \dfrac{\omega L}{R^2 + \omega^2 L^2}e^{-\frac{R}{L}t}\right\}$,
ただし $\cos\alpha = \dfrac{R}{R^2 + \omega^2 L^2}$, $\sin\alpha = -\dfrac{\omega L}{R^2 + \omega^2 L^2}\bigg)$

25. (1) $t^2 + \omega^2 = 0$ (2) $t = \pm\omega i$ (3) $y = C_1 \sin\omega x + C_2 \cos\omega x$
$\left(\text{または } y = \sqrt{C_1^2 + C_2^2}\sin(\omega t + \alpha)\right)$

$$\left(\text{ただし } \cos\alpha = \frac{C_1}{\sqrt{C_1^2 + C_2^2}},\ \sin\alpha = \frac{C_2}{\sqrt{C_1^2 + C_2^2}}\right)$$

問題 B (p.20)

1. (1) $\dfrac{d^2y}{dt^2} = a$ (2) 加速度を積分する．$v = \dfrac{dy}{dt} = at + v_0$

(3) 速度を積分する．$y = \dfrac{1}{2}at^2 + v_0 t$ (4) $v = at$ (5) $y = \dfrac{1}{2}at^2$

2. (1) 1 階微分は $yy' = ax$．2 階微分は $y'^2 + yy'' = a$．
両辺に x を掛け，1 階微分の結果を当てはめると，$xy'^2 + xyy'' = yy'$．
微分階数の高い順に整理すると，$xyy'' + xy'^2 - yy' = 0$

(2) $y' = a\cos(x+b)$, $y'' = -a\sin(x+b) = -y$．ゆえに $y'' + y = 0$

(3) $y' = -a\sin(x+b)$, $y'' = -a\cos(x+b) = -y$．ゆえに $y'' + y = 0$

(4) 1 階微分は $x - a + (y-b)y' = 0$．2 階微分は $1 + y'^2 + (y-b)y'' = 0 \cdots$ (A)．
3 階微分は $3y'y'' + (y-b)y''' = 0 \cdots$ (B)．(A)$\times y'''$ − (B)$\times y''$ より $(1+y'^2)y''' = 3y'y''^2$

3. (1) $y^2 = C(x^2 - 2)^2 + 1$

(2) $\dfrac{2y}{y^2 + 1}dy = \dfrac{1}{x(x^2+1)}dx$, $\dfrac{2y}{y^2+1}dy = \left(\dfrac{1}{x} - \dfrac{x}{x^2+1}\right)dx$,

$\log(y^2+1) = \log x - \dfrac{1}{2}\log(x^2+1) + C$, $\log(y^2+1) = \log\dfrac{Cx}{(x^2+1)^{\frac{1}{2}}}$,

$y^2 + 1 = \dfrac{Cx}{(x^2+1)^{\frac{1}{2}}}$, $(x^2+1)(y^2+1)^2 = Cx^2$ (C^2 を C とおいた)

(3) $\dfrac{y'}{\sin x} = \dfrac{1}{\cos y}$, $\cos y\, dy = \sin x\, dx$, $\sin y + \cos x = C$

(4) $2y\, dy = \dfrac{1}{x^2+1}\, dx$, $y^2 = \tan^{-1} x + C$

4. (1) 接線の傾きは $y' = \pm\dfrac{\text{MP}}{\text{TM}} = \pm\dfrac{y}{k}$．$\dfrac{dy}{dx} = \pm\dfrac{y}{k}$, $\dfrac{dy}{y} = \pm\dfrac{dx}{k}$ より

$\displaystyle\int \dfrac{dy}{y}\, dy = \pm\int\dfrac{dx}{k}\, dx + C$, $\log y = \pm\dfrac{x}{k} + C$．ゆえに $y = Ce^{\pm\frac{x}{k}}$

(2) 法線の傾きは $-\dfrac{1}{y'} = \pm\dfrac{\text{MP}}{\text{MN}} = \pm\dfrac{y}{k}$．ゆえに $yy' = \pm k$, $y\, dy = \pm k\, dx$,

$\displaystyle\int y\, dy = \pm\int k\, dx + C$, $\dfrac{y^2}{2} = \pm kx + C$, $y^2 = \pm 2kx + C$

(3) $y' = \dfrac{\mathrm{MP}}{\mathrm{TM}} = \dfrac{y}{k}$ より接線影の長さは $\dfrac{y}{y'} = \pm 2x$. $\displaystyle\int \dfrac{2}{y}\,dy = \pm \int \dfrac{1}{x}\,dx + C$,

$2\log y = \pm \log x + C$, $y^2 = Cx^{\pm 1}$

5. (1) $1 + y' = u'$ より $y' = u' - 1$. $2u + 1 + (3u - 1)(u' - 1) = 0$,

$\dfrac{3u - 1}{u - 2}\,du = dx$, $\displaystyle\int \left(3 + \dfrac{5}{u - 2}\right) du = \int dx + C$, $3u + 5\log(u - 2) = x + C$,

$\log(u - 2)^5 = -3u + x + C$, $(u - 2)^5 = e^{-3u + x + C}$.

よって $(x + y - 2)^5 = Ce^{-2x - 3y}$, すなわち $x + y - 2 = Ce^{-\frac{2x + 3y}{5}}$

(2) $1 + y' = u'$ より $y' = \dfrac{u' - 1}{2}$. $u + 3 + (2u - 1)\dfrac{u' - 1}{2} = 0$,

$(2u - 1)u' = -7$, $\displaystyle\int (2u - 1)\,du = -\int 7\,dx + C$, $u^2 - u = -7x + C$.

$(x + 2y - 1)^2 - (x + 2y - 1) = -7x + C$ より $x^2 + 4xy + 4y^2 + 4x - 6y + C = 0$

6. $y = vx$, $y' = v'x + v$ より $v'x + v = f(v)$, すなわち $\dfrac{dv}{dx}x + v = f(v)$.

$\dfrac{dv}{dx}x = f(v) - v$ より $\dfrac{dv}{f(v) - v} = \dfrac{dx}{x}$: 変数分離形

7. (1) $y' = \dfrac{1}{3}\left\{\left(\dfrac{y}{x}\right)^2 + 2\dfrac{y}{x} - 2\right\}$. $y = vx$ とおくと $y' = v'x + v$. ゆえに

$v'x + v = \dfrac{1}{3}(v^2 + 2v - 2)$, $3xv' = v^2 - v - 2$,

$\displaystyle\int \dfrac{3}{v^2 - v - 2}\,dv = \int \dfrac{1}{x}\,dx + C$, $\displaystyle\int \left(\dfrac{1}{v - 2} - \dfrac{1}{v + 1}\right) dv = \int \dfrac{1}{x}\,dx + C$,

$\log(v - 2) - \log(v + 1) = \log x + C$, $\log \dfrac{v - 2}{v + 1} = \log Cx$,

$\dfrac{\frac{y}{x} - 2}{\frac{y}{x} + 1} = Cx$, $\dfrac{y - 2x}{y + x} = Cx$. よって $y - 2x = Cx(x + y)$,

すなわち $x^2 + xy = C(2x - y)$

(2) $-4 + \dfrac{y}{x} + \left(1 + 2\dfrac{y}{x}\right)y' = 0$. $y = vx$ とおくと $y' = v'x + v$. ゆえに

$-4 + v + (1 + 2v)(v'x + v) = 0$, $(1 + 2v)xv' = -2(v^2 + v - 2)$,

$\displaystyle\int \dfrac{2v + 1}{v^2 + v - 2}\,dv = -2\int \dfrac{1}{x}\,dx + C$, $\log(v^2 + v - 2) = \log \dfrac{C}{x^2}$,

$v^2 + v - 2 = \dfrac{C}{x^2}$, $\left(\dfrac{y}{x}\right)^2 + \dfrac{y}{x} - 2 = \dfrac{C}{x^2}$, $y^2 + xy - 2x^2 = C$,

すなわち $2x^2 - xy - y^2 = C$

(3) $4y' = \dfrac{y}{x} - \dfrac{x}{y}$. $y = vx$ とおくと $y' = v'x + v$. ゆえに

$4(v'x + v) = v - \dfrac{1}{v}$, $4xv' = -\dfrac{3v^2 + 1}{v}$, $\displaystyle\int \dfrac{4v}{3v^2 + 1}\, dv = -\int \dfrac{1}{x}\, dx + C$.

$\dfrac{4}{6} \log(3v^2 + 1) = -\log x + C$, $\log(3v^2 + 1)^{\frac{2}{3}} = \log \dfrac{C}{x}$, $(3v^2 + 1)^{\frac{2}{3}} = \dfrac{C}{x}$.

$v = \dfrac{y}{x}$ より $\left(3\dfrac{y^2}{x^2} + 1\right)^{\frac{2}{3}} = \dfrac{C}{x}$. 両辺に x^4 を掛けると $(x^2 + 3y^2)^2 = Cx$

8. (1) $x = X + 1$, $y = Y + 1$ とおく. $y' = Y'$ より $Y' = \dfrac{X - 2Y}{-Y} = -\dfrac{X}{Y} + 2$.

$Y = vX$ より $Y' = v'X + v$. ゆえに $v'X + v = -\dfrac{1}{v} + 2$, $\dfrac{v}{v^2 - 2v + 1} v' = -\dfrac{1}{X}$,

$\displaystyle\int \left(\dfrac{1}{v-1} + \dfrac{1}{(v-1)^2}\right) dv = -\int \dfrac{1}{X}\, dX + C$, $\log(v-1) - \dfrac{1}{v-1} = -\log X + C$,

$\log(v-1)X = \dfrac{1}{v-1} + C$, $(v-1)X = Ce^{\frac{1}{v-1}}$. ゆえに $Y - X = Ce^{\frac{X}{Y-X}}$.

$X = x - 1$, $Y = y - 1$ より $y = x + Ce^{\frac{x-1}{y-x}}$

(2) $x = X + 1$, $y = Y + 2$ とおく. $y' = Y'$ より $Y' = \dfrac{X - Y}{X - Y} = \dfrac{1 - \frac{X}{Y}}{1 + \frac{X}{Y}}$.

$Y = vX$ より $Y' = v'X + v$. ゆえに $v'X + v = \dfrac{1 - v}{1 + v}$,

$\displaystyle\int \dfrac{v+1}{v^2 + 2v - 1}\, dv = -\int \dfrac{1}{X}\, dX + C$, $\dfrac{1}{2}\log(v^2 + 2v - 1) = -\log X + C$,

$(v^2 + 2v - 1)^{\frac{1}{2}} = \dfrac{C}{X}$, $\left\{\left(\dfrac{Y}{X}\right)^2 + 2\dfrac{Y}{X} - 1\right\} = \dfrac{C}{X^2}$, $Y^2 + 2XY - X^2 = C$.

$X = x - 1$, $Y = y - 2$ より $(y-2)^2 + 2(x-1)(y-2) - (x-1)^2 = C$,
$x^2 - 2xy - y^2 + 2x + 6y = C$

9. (1) $y = \dfrac{x + C}{x^2 + 1}$ (2) $y = \dfrac{x^2 + C}{2(x^2 + x + 1)}$ $\left(\text{または } y = \dfrac{1}{x^2 + x + 1}\left(\dfrac{x^2}{2} + C\right)\right)$

(3) $y = \dfrac{1}{5}(\sin x - 2\cos x) + Ce^{2x}$ (4) $y = \cos x + C\cos^2 x$

10. (1) $x^3 + 6xy + 9xy^2 - 8y^3 = C$ (2) $e^x + \dfrac{x^2}{2}\log y + e^y = C$

(3) $\sin x + x\sin y = C$ (4) $Q = \dfrac{xy + 1}{x} = y + \dfrac{1}{x}$ の値は $x = 0$ のとき発散する.

$\int_0^x (1 - \dfrac{0}{x^2})\, dx + \int_0^y (y + \dfrac{1}{x})\, dy = C$ を計算する． $2x^2 + xy^2 + 2y = Cx$

11. (1) $(2t-1)(t-1) = 0$. $y = C_1 e^{\frac{1}{2}x} + C_2 e^x$
(2) $(2t-3)(t+2) = 0$. $y = C_1 e^{\frac{3}{2}x} + C_2 e^{-2x}$
(3) $t = \dfrac{5 \pm \sqrt{21}}{2}$. $y = C_1 e^{\frac{5+\sqrt{21}}{2}x} + C_2 e^{\frac{5-\sqrt{21}}{2}x}$
(4) $t = 3 \pm \sqrt{11}$. $y = C_1 e^{(3+\sqrt{11})x} + C_2 e^{(3-\sqrt{11})x}$
(5) $(2t+1)^2 = 0$. $y = (C_1 + C_2 x)e^{-\frac{1}{2}x}$ (6) $(3t-1)^2 = 0$. $y = (C_1 + C_2 x)e^{\frac{1}{3}x}$
(7) $(t + \sqrt{3})^2 = 0$. $y = (C_1 + C_2 x)e^{-\sqrt{3}x}$ (8) $(t - \sqrt{5})^2 = 0$. $y = (C_1 + C_2 x)e^{\sqrt{5}x}$
(9) $t = \dfrac{3 \pm \sqrt{15}i}{4}$. $y = C_1 e^{\frac{3}{4}x} \sin \dfrac{\sqrt{15}}{4}x + C_2 e^{\frac{3}{4}x} \cos \dfrac{\sqrt{15}}{4}x$
(10) $t = \dfrac{2 \pm \sqrt{2}i}{3}$. $y = C_1 e^{\frac{2}{3}x} \sin \dfrac{\sqrt{2}}{3}x + C_2 e^{\frac{2}{3}x} \cos \dfrac{\sqrt{2}}{3}x$

12. (1) $y = C_1 e^{-\frac{1}{2}x} + C_2 e^{-2x} + \dfrac{1}{2}x^2 - \dfrac{5}{2}x + \dfrac{21}{4}$
(2) $y = C_1 e^{-x} \sin 2x + C_2 e^{-x} \cos 2x + x - \dfrac{1}{5}$
(3) $y = C_1 + C_2 e^{-\frac{1}{2}x} + x^3 + x^2$ (4) $y = C_1 + C_2 e^{-\pi x} + 2x^2 + x$
(5) $y = C_1 e^{-x} + C_2 e^{-\frac{1}{2}x} + \dfrac{1}{2}e^x$ (6) $y = C_1 e^x + C_2 e^{-\frac{1}{3}x} + \dfrac{5}{7}e^{2x}$
(7) $y = C_1 e^{\frac{1}{2}x} + C_2 e^{-\frac{1}{2}x} + \dfrac{3}{2}x e^{\frac{1}{2}x}$ (8) $y = C_1 e^{-\sqrt{2}x} + C_2 e^{-2\sqrt{2}x} + x e^{-\sqrt{2}x}$
(9) $y = (C_1 + C_2 x)e^x + \dfrac{1}{2}\cos x$ (10) $y = C_1 e^{3x} + C_2 e^{-3x} - \dfrac{2}{3}\cos 3x$
(11) $y = C_1 \sin \dfrac{2}{3}x + C_2 \cos \dfrac{2}{3}x + \dfrac{1}{4}x \left(\cos \dfrac{2}{3}x - \sin \dfrac{2}{3}x\right)$
(12) $y = C_1 \sin \dfrac{1}{\sqrt{2}}x + C_2 \cos \dfrac{1}{\sqrt{2}}x + x \left(\sin \dfrac{1}{\sqrt{2}}x + \dfrac{1}{2}\cos \dfrac{1}{\sqrt{2}}x\right)$

13. (1) $y = C_1 e^x + C_2 e^{2x} + C_3 e^{-x}$ (2) $y = C_1 e^x + C_2 e^{2x} + C_3 e^{-3x}$
(3) $y = C_1 e^{2x} + C_2 e^{\frac{1}{2}x} + C_3 e^{-x}$ (4) $y = (C_1 + C_2 x)e^x + C_3 e^{3x}$
(5) $y = (C_1 + C_2 x + C_3 x^2)e^{-x}$ (6) $y = (C_1 + C_2 x + C_3 x^2)e^{2x}$
(7) $y = C_1 e^{-x} + e^{\frac{1}{2}x}\left(C_2 \sin \dfrac{\sqrt{3}}{2}x + C_3 \cos \dfrac{\sqrt{3}}{2}x\right)$
(8) $y = C_1 e^x + e^{-\frac{1}{2}x}\left(C_2 \sin \dfrac{\sqrt{3}}{2}x + C_3 \cos \dfrac{\sqrt{3}}{2}x\right)$

14. (1) $y = C_1 e^{-x} + C_2 e^{-2x} + \dfrac{1}{6} e^x + x - \dfrac{1}{2}$

(2) $y = C_1 e^{2x} + C_2 e^{3x} + \dfrac{1}{2} e^{-x} + \sin x + \cos x$

(3) $y = (C_1 + C_2 x) e^x + \dfrac{1}{12} x^2 e^x$ (4) $y = C_1 e^{-x} + C_2 e^{-2x} - e^x(\sin x + \cos x)$

15. (1) $n = 2$. $u = y^{-1}$ とおくと $u' = -y^{-2} y'$. 与式の両辺に y^{-2} を掛けると
$xy^{-2} y' + (1-x) y^{-1} = x^2$. ゆえに $-xu' + (1-x)u = x^2$, $u' - \left(\dfrac{1}{x} - 1\right) u = -x$.
u の線形方程式として解くと $u = -x + Cxe^{-x}$. 求める一般解は $\dfrac{1}{y} = -x + Cxe^{-x}$

(2) $n = 3$. $u = y^{-2}$ とおくと $u' = -2y^{-3} y'$. 与式の両辺に $-2y^{-3}$ を掛けると
$-2y^{-3} y' - 2y^{-2} = -2x$. ゆえに $u' - 2u = -2x$. u の線形方程式として解くと
$u = x + \dfrac{1}{2} + Ce^{2x}$. 求める一般解は $\dfrac{1}{y^2} = x + Ce^{2x} + \dfrac{1}{2}$

16. (1) $y' - (y-1)(y-2) = 0$ より, $y = 1$ は特殊解.
($y = 2$ が特殊解であることを利用してもよい) $y = 1 + u$ とおく.
$y' = u'$ より $u' + u = u^2$. $v = u^{-1}$ とおくと $v' = -u^{-2} u'$.
これらを $u^{-2} u' + u^{-1} = 1$ へあてはめると, $v' - v = -1$.
線形微分方程式の解法より $v = e^{2x} + Ce^x$. 一般解は
$y = 1 + u = 1 + \dfrac{1}{v} = 1 + \dfrac{1}{1 + Ce^x}$ $\left(\text{または } y = \dfrac{2 + Ce^x}{1 + Ce^x}\right)$

(2) $y' + (xy + x + 2)(y+1) = 0$ より, $y = -1$ は特殊解. $y = -1 + u$ とおく.
$y' = u'$ より $u' + (xu + 2)u = 0$, $u' + 2u = -xu^2$. $v = u^{-1}$ とおくと
$v' = -u^{-2} u'$. これらを $u^{-2} u' + 2u^{-1} = -x$ へあてはめると, $v' - 2v = x$.
線形微分方程式の解法より $v = Ce^{2x} - \dfrac{1}{2} x - \dfrac{1}{4}$.
通分し, $4C$ を C へ置き換えると $v = \dfrac{Ce^{2x} - 2x - 1}{4}$. 一般解は
$y = -1 + u = -1 + \dfrac{1}{v} = -1 + \dfrac{4}{Ce^{2x} - 2x - 1}$ $\left(\text{または } y = \dfrac{-Ce^{2x} + 2x + 5}{Ce^{2x} - 2x - 1}\right)$

17. (1) $\dfrac{1}{Q} \left(\dfrac{\partial P}{\partial y} - \dfrac{\partial Q}{\partial x}\right) = -\dfrac{1}{x} = \phi(x)$ とする. $\lambda = e^{-\int \frac{1}{x} dx} = \dfrac{1}{x}$ より
$\left(\dfrac{1}{x} + y\right) dx + (x + y) dy = 0$. 一般解は $2xy + y^2 + 2\log x = C$

(2) $\dfrac{1}{P} \left(\dfrac{\partial P}{\partial y} - \dfrac{\partial Q}{\partial x}\right) = \dfrac{1}{y} = \psi(y)$ とする. $\lambda = e^{-\int \frac{1}{y} dy} = \dfrac{1}{y}$ より

$3y\,dx + (3x+2y)dy = 0$. 一般解は $3xy + y^2 = C$

(3) 両辺へ $\lambda = x^m y^n$ を掛けると $x^m y^n (2x^2 - y^2)y dx + x^m y^n (x^2 - 2y^2)x dy = 0$.

$P_1(x,y)dx + Q_1(x,y)dy = 0$ とおけば $\dfrac{\partial P_1}{\partial y} = 2(n+1)x^{m+2}y^n - (n+3)x^m y^{n+2}$,

$\dfrac{\partial Q_1}{\partial x} = (m+3)x^{m+2}y^n - 2(m+1)x^m y^{n+2}$. $\dfrac{\partial P_1}{\partial y} = \dfrac{\partial Q_1}{\partial x}$ をみたすとき

$2(n+1) = m+3$ かつ $-(n+3) = -2(m+1)$. よって $m=1, n=1$.

ゆえに $(2x^3 y^2 - xy^4)dx + (x^4 y - 2x^2 y^3)dy = 0$. 一般解は $x^4 y^2 - x^2 y^4 = C$

(4) 両辺へ $\lambda = x^m y^n$ を掛けると $x^m y^n (4x + 3y^3)y dx + x^m y^n (2x + 5y^3)x dy = 0$.

$P_1(x,y)dx + Q_1(x,y)dy = 0$ とおけば $\dfrac{\partial P_1}{\partial y} = 4(n+1)x^{m+1}y^n + 3(n+4)x^m y^{n+3}$,

$\dfrac{\partial Q_1}{\partial x} = 2(m+2)x^{m+1}y^n + 5(m+1)x^m y^{n+3}$. $\dfrac{\partial P_1}{\partial y} = \dfrac{\partial Q_1}{\partial x}$ をみたすとき

$4(n+1) = 2(m+2)$ かつ $3(n+4) = 5(m+1)$. よって $m=2, n=1$.

ゆえに $(4x^3 y^2 + 3x^2 y^5)dx + (2x^4 y + 5x^3 y^4)dy = 0$. 一般解は $x^4 y^2 + x^3 y^5 = C$

18. (1) 積の微分公式, 合成関数の微分公式により, $p = p + x\dfrac{dp}{dx} + f'(p)\dfrac{dp}{dx}$.

$0 = x\dfrac{dp}{dx} + f'(p)\dfrac{dp}{dx}$ より $\dfrac{dp}{dx}\{x + f'(p)\} = 0$.

ゆえに $\dfrac{dp}{dx} = 0$ または $x + f'(p) = 0$ が成り立つ

(2) $\dfrac{dp}{dx} = 0$ より $p = C$. もとの方程式へあてはめると $y = Cx + f(C)$

(3) 一般解は $y = Cx + (1+C^2)^{\frac{1}{2}}$. 特異解は $x + \dfrac{p}{\sqrt{1+p^2}} = 0$ を解けば得られる

$x = -\dfrac{p}{\sqrt{1+p^2}}$ を $y = xp + (1+p^2)^{\frac{1}{2}}$ へあてはめると $y = \dfrac{1}{\sqrt{1+p^2}}$.

$y^2 = \dfrac{1}{1+p^2}$ と $x^2 = \dfrac{p^2}{1+p^2}$ から p^2 を消去すると, $x^2 + y^2 = 1$

19. (1) 変数分離形. $\displaystyle\int \dfrac{m}{mg - kv} dv = \int dt + C$ より $-\dfrac{m}{k}\log(mg - kv) = t + C$.

$t=0,\ v=0$ を代入すると $C = -\dfrac{m}{k}\log mg$. $\dfrac{m}{k}\log(mg-kv) = -t + \dfrac{m}{k}\log mg$.

$\log(mg-kv) = -\dfrac{k}{m}t + \log mg = \log(mge^{-\frac{k}{m}t})$, $mg - kv = mge^{-\frac{k}{m}t}$.

したがって $v = \dfrac{mg}{k}(1 - e^{-\frac{k}{m}t})$

(2) $\dfrac{dy}{dt} = v$ より $\dfrac{dy}{dt} = \dfrac{mg}{k}(1 - e^{-\frac{k}{m}t})$. 積分すると $y = \dfrac{mg}{k}t + \dfrac{m^2 g}{k^2}e^{-\frac{k}{m}t} + C$.

$t=0$, $y=0$ を代入すると $0 = \dfrac{m^2 g}{k^2} + C$, すなわち $C = -\dfrac{m^2 g}{k^2}$.
したがって $y = \dfrac{mg}{k} t - \dfrac{m^2 g}{k^2}(1 - e^{-\frac{k}{m}t})$

20. (1) $k\dfrac{dp}{dx} = \sqrt{1+p^2}$ より, $\dfrac{k\,dp}{\sqrt{1+p^2}} = dx$

(2) 変数変換 $t = p + \sqrt{1+p^2}$ を利用（参考：「計算力をつける微分積分」例題 4.13 (2)）
$k\log(p+\sqrt{1+p^2}) = x + C$ より, $p = \dfrac{1}{2}(e^{\frac{x+C}{k}} - e^{-\frac{x+C}{k}}) = \sinh\dfrac{x+C}{k}$

(3) (2) の結果を積分すると, $y + C_2 = k\cosh\dfrac{x+C_1}{k}$ （C を C_1 とおいた）

21. 両辺を 6 で割り, 一般解を求める. $x = C_1 \sin 2t + C_2 \cos 2t + \dfrac{1}{6}\sin t$

22. (1) 第 1 式より $y = -x' - x$. $y' = -x'' - x'$. 第 2 式へあてはめると
$x'' + 3x' - 4x = 0$. ゆえに $x = C_1 e^t - C_2 e^{-4t}$, $y = -2C_1 e^t - 3C_2 e^{-4t}$

(2) 第 2 式より $x = y' + 2y$. $x' = y'' + 2y'$. 第 1 式へあてはめると
$y'' + 4y' + 3y = 0$. ゆえに $x = C_1 e^{-t} - C_2 e^{-3t}$, $y = C_1 e^{-t} + C_2 e^{-3t}$
($x = C_1 e^{-t} + C_2 e^{-3t}$, $y = C_1 e^{-t} - C_2 e^{-3t}$ なども可)

23. (1) $(D-1)x + 2y = 4$, $x - (D+1)y = -3$.
後者の両辺を $(D-1)$ 倍し, 前者から引くと $(D^2+1)y = 1$.
$y'' + y = 1$ を解くと $y = C_1 \sin t + C_2 \cos t + 1$.
$x = (D+1)y - 3 = y' + y - 3$ より $x = (C_1 - C_2)\sin t + (C_1 + C_2)\cos t - 2$

(2) $Dx + (D+4)y = 1 + 4t$, $(D-1)x - (2D+1)y = 1 - t$.
前者の両辺の $(D-1)$ 倍から, 後者の両辺の D 倍を引くと $(3D^2 + 4D - 4)y = 4 - 4t$.
$3y'' + 4y' - 4y = 4 - 4t$ を解くと $y = C_1 e^{\frac{2}{3}t} + C_2 e^{-2t} + t$.
また $Dx + (D+4)y = 1 + 4t$ と $(D-1)x - (2D+1)y = 1 - t$ から, 同様に y を消去し,
x の微分方程式を解くと $x = C_3 e^{\frac{2}{3}t} + C_4 e^{-2t} - 3$.
得られた x, y を $Dx + (D+4)y = 1 + 4t$ へあてはめ, 係数比較すると
$C_3 = -7C_1$, $C_4 = C_2$. ゆえに求める解は
$x = -7C_1 e^{\frac{2}{3}t} + C_2 e^{-2t} - 3$, $y = C_1 e^{\frac{2}{3}t} + C_2 e^{-2t} + t$
($x = C_1 e^{\frac{2}{3}t} + C_2 e^{-2t} - 3$, $y = -\dfrac{1}{7}C_1 e^{\frac{2}{3}t} + C_2 e^{-2t} + t$ なども可)

第2章 フーリエ級数とフーリエ変換

問題A (p.38)

1. $\sin mx \sin nx = \dfrac{1}{2}\{\sin(m+n)x + \sin(m-n)x\}$ を用いる.
$m = n$ のとき π. $m \neq n$ のとき 0

2. (1) $(-1)^n$ (2) $(-1)^{n-1}$ (または $(-1)^{n+1}$)

3. (1) 1 (2) -1 (3) 1 (4) -1 (5) $(-1)^n$ (6) 0 (7) 0 (8) 0 (9) 0 (10) 0
(11) 0 (12) 1 (13) -1 (14) 1 (15) $(-1)^{k-1}$ (または $(-1)^{k+1}$)

4. (1) 部分積分法を用いる (参考:「計算力をつける微分積分」p.81). 奇関数 x と奇関数 $\sin nx$ の積は偶関数である. 偶関数を, 軸 $x = 0$ を中心に対称な区間で積分したものであるから,

$$(与式) = 2\int_0^\pi x\sin nx\, dx = -\frac{(-1)^n \cdot 2\pi}{n} = (-1)^{n+1} \cdot \frac{2\pi}{n} \quad \left(\text{または } (-1)^{n-1} \cdot \frac{2\pi}{n}\right)$$

(2) 奇関数 x と偶関数 $\cos nx$ の積は奇関数である. 奇関数を, 軸 $x = 0$ を中心に対称な区間で積分したものであるから, (与式) $= 0$ である (部分積分法を用い, 積分を実際に計算してもよい).

5. (1) $f(-x) = -x$ より $f(-x) = -f(x)$. ゆえに奇関数
(2) $f(-x) = (-x)^3 = -x^3$ より $f(-x) = -f(x)$. ゆえに奇関数
(3) $f(-x) = (-x)^2 = x^2$ より $f(-x) = f(x)$. ゆえに偶関数
(4) $f(-x) = \sin(-x) = -\sin x$ より $f(-x) = -f(x)$. ゆえに奇関数
(5) $f(-x) = \cos(-x) = \cos x$ より $f(-x) = f(x)$. ゆえに偶関数
(6) $x \geq 0$ のとき, $f(-x) = |-x| = x = |x|$ より $f(-x) = f(x)$
$x < 0$ のとき, $f(-x) = |-x| = -x = |x|$ より $f(-x) = f(x)$. ゆえに偶関数

6. (1) どちらでもない関数;

$$f(x) = \frac{\pi}{4} - \frac{2}{\pi}\sum_{k=1}^\infty \frac{1}{(2k-1)^2}\cos(2k-1)x + \sum_{n=1}^\infty \frac{(-1)^{n+1}}{n}\sin nx$$

(k を n としてもよい. 他問題の類似表記も同様)

(2) どちらでもない関数;

$$f(x) = \frac{\pi}{4} - \frac{2}{\pi}\sum_{k=1}^\infty \frac{1}{(2k-1)^2}\cos(2k-1)x + \sum_{n=1}^\infty \frac{(-1)^n}{n}\sin nx$$

(3) 奇関数；$f(x) = \dfrac{4}{\pi} \displaystyle\sum_{k=1}^{\infty} \dfrac{1}{2k-1} \sin(2k-1)x$

(4) 偶関数；$f(x) = \dfrac{\pi}{2} - \dfrac{4}{\pi} \displaystyle\sum_{k=1}^{\infty} \dfrac{1}{(2k-1)^2} \cos(2k-1)x$

(5) 偶関数；$f(x) = \dfrac{\pi}{4} - \dfrac{2}{\pi} \displaystyle\sum_{k=1}^{\infty} \dfrac{1}{(2k-1)^2} \cos(2k-1)x$

(6) 奇関数；$f(x) = 2 \displaystyle\sum_{n=1}^{\infty} \dfrac{(-1)^n}{n} \sin nx$

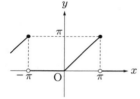

図 問 6 (1)

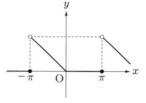

図 問 6 (2)

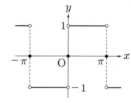

図 問 6 (3)

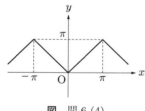

図 問 6 (4)

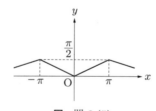

図 問 6 (5)

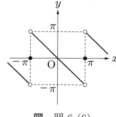

図 問 6 (6)

7. (1) 偶関数；$f(x) = 1 - \dfrac{8}{\pi^2} \displaystyle\sum_{k=1}^{\infty} \dfrac{1}{(2k-1)^2} \cos(2k-1)\pi x$

(2) 偶関数；$f(x) = 1 - \dfrac{8}{\pi^2} \displaystyle\sum_{k=1}^{\infty} \dfrac{1}{(2k-1)^2} \cos(2k-1)\dfrac{\pi}{2}x$

(3) 奇関数；$f(x) = \dfrac{4}{\pi} \displaystyle\sum_{k=1}^{\infty} \dfrac{1}{2k-1} \sin \dfrac{2k-1}{2}x$

(4) 奇関数；$f(x) = \dfrac{8}{\pi} \displaystyle\sum_{k=1}^{\infty} \dfrac{1}{2k-1} \sin \dfrac{2k-1}{3}x$

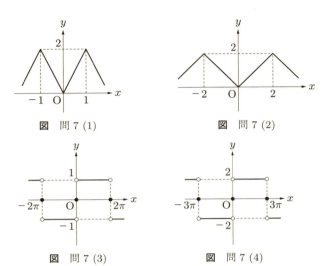

図 問 7 (1) 　　　図 問 7 (2)

図 問 7 (3) 　　　図 問 7 (4)

8. $x=0$ を代入する

9. 2 章では時刻を表す変数に t を用いるため，特性方程式に用いる変数を s とする．
(1) 特性方程式は $s^2 - \lambda = 0$. 解は $\lambda > 0$ のとき $s = \pm\sqrt{\lambda}$，
$\lambda = 0$ のとき $s = 0$, $\lambda < 0$ のとき $s = \pm\sqrt{-\lambda}i$
(2) 特性方程式が異なる 2 つの実数解をもつので $X = C_1 e^{\sqrt{\lambda}x} + C_2 e^{-\sqrt{\lambda}x}$
（さらに $\cosh\sqrt{\lambda}x = (e^{\sqrt{\lambda}x} + e^{-\sqrt{\lambda}x})/2$, $\sinh\sqrt{\lambda}x = (e^{\sqrt{\lambda}x} - e^{-\sqrt{\lambda}x})/2$ より
$A = C_1 + C_2$, $B = C_1 - C_2$ とおくと，$X = A\cosh\sqrt{\lambda}x + B\sinh\sqrt{\lambda}x$)
(3) $X''(x) = 0$, $X'(x) = C_1$ より $X = C_1 x + C_2$
(4) 特性方程式が虚数解をもつので $X = C_1\cos\sqrt{-\lambda}x + C_2\sin\sqrt{-\lambda}x$

10. (1) $y(x,t) = e^{-\frac{1}{2}\pi^2 t}\sin\pi x + \frac{1}{3}e^{-\frac{9}{2}\pi^2 t}\sin 3\pi x + \frac{1}{5}e^{-\frac{25}{2}\pi^2 t}\sin 5\pi x$

(2) $y(x,t) = \sum_{k=1}^{\infty}(-1)^{k-1}\frac{4}{(2k-1)^2\pi^2}e^{-3(2k-1)^2 t}\sin(2k-1)x$

11. (1) 偶関数；$C(\omega) = \sqrt{\frac{2}{\pi}}\frac{\sin 3\omega}{\omega}$　(2) 偶関数；$C(\omega) = \sqrt{\frac{2}{\pi}}\frac{1-\cos 2\omega}{\omega^2}$
(3) 奇関数；$S(\omega) = \sqrt{\frac{2}{\pi}}\frac{\omega\cos\omega - \sin\omega}{\omega^2}$
(4) どちらでもない関数；$F(\omega) = \frac{i}{\sqrt{2\pi}}\frac{e^{-i\omega} - 1}{\omega}$

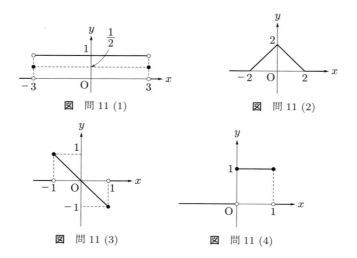

図　問 11 (1)　　　図　問 11 (2)

図　問 11 (3)　　　図　問 11 (4)

12. (1) $G(\omega) = \dfrac{1}{\sqrt{2\pi}} \displaystyle\int_1^2 e^{-i\omega x}\, dx = \dfrac{1}{\sqrt{2\pi}} \dfrac{e^{-2i\omega} - e^{-i\omega}}{-i\omega} = \dfrac{i}{\sqrt{2\pi}} \dfrac{e^{-2i\omega} - e^{-i\omega}}{\omega}$

(2) $g(x)$ は，$f(x)$ を x 軸の正の方向へ 1 だけ移動させたもの，すなわち

$g(x) = f(x-1)$ である．原関数の平行移動（時間軸の移動）に関する性質より

$$G(\omega) = e^{-i\omega} F(\omega) = e^{-i\omega} \dfrac{i}{\sqrt{2\pi}} \dfrac{e^{i\omega} - 1}{\omega} = \dfrac{i}{\sqrt{2\pi}} \dfrac{e^{-2i\omega} - e^{-i\omega}}{\omega}$$

13. $y(x,t) = \dfrac{2}{\pi} \displaystyle\int_0^\infty \dfrac{1 - \cos a\omega}{\omega} e^{-3\omega^2 t} \sin \omega x\, d\omega$

問題 B (p.41)

1. 基本波の成分：$\dfrac{4}{\pi}$　第 3 次高調波の成分：$\dfrac{4}{3\pi}$　第 5 次高調波の成分：$\dfrac{4}{5\pi}$
第 2 次高調波の成分：0　第 4 次高調波の成分：0

2. (1) (a) $\dfrac{\pi^2}{8}$　(b) $\dfrac{\pi^2}{8}$　(c) $\dfrac{\pi}{4}$　(d) $\dfrac{\pi}{2n} \sin \dfrac{n\pi}{2} + \dfrac{1}{n^2} \cos \dfrac{n\pi}{2} - \dfrac{1}{n^2}$

(e) $-\dfrac{\pi}{2n} \sin \dfrac{n\pi}{2} - \dfrac{1}{n^2} \cos n\pi + \dfrac{1}{n^2} \cos \dfrac{n\pi}{2}$

(f) $n = 4k - 2$ のとき $-\dfrac{1}{(2k-1)^2 \pi}$，他のとき 0 $(k = 1, 2, \cdots)$

(g) $-\dfrac{\pi}{2n} \cos \dfrac{n\pi}{2} + \dfrac{1}{n^2} \sin \dfrac{n\pi}{2}$　(h) $\dfrac{\pi}{2n} \cos \dfrac{n\pi}{2} + \dfrac{1}{n^2} \sin \dfrac{n\pi}{2}$

(i) $n = 2k-1$ のとき $\dfrac{2(-1)^{k+1}}{\pi(2k-1)^2}$, $n = 2k$ のとき 0

(2) $\dfrac{\pi}{8} - \dfrac{1}{\pi}\displaystyle\sum_{k=1}^{\infty}\dfrac{1}{(2k-1)^2}\cos(4k-2)x + \dfrac{2}{\pi}\sum_{k=1}^{\infty}\dfrac{(-1)^{k+1}}{(2k-1)^2}\sin(2k-1)x$

3. (1) $f(-x) = -x\sin(-x) = (-x)\cdot(-\sin x) = x\sin x$ より $f(-x) = f(x)$.
ゆえに偶関数. $I \neq 0$

(2) 絶対値の性質より $|-x| = |x|$（2章問題 A, 問 5 (6)）
$f(-x) = |-x|\sin(-x) = -|x|\sin x$ より $f(-x) = -f(x)$. ゆえに奇関数. $I = 0$

(3) $f(-x) = -x\cos(-x) = -x\cos x$ より $f(-x) = -f(x)$. ゆえに奇関数. $I = 0$

(4) 絶対値の性質より $|-x| = |x|$（2章問題 A, 問 5 (6)）
$f(-x) = |-x|\cos(-x) = |x|\cos x$ より $f(-x) = f(x)$. ゆえに偶関数. $I \neq 0$

4. (1) 図より
$$f(x) = \begin{cases} x + \pi & (0 \leq x \leq \pi) \\ -x + \pi & (-\pi \leq x < 0) \end{cases}$$

偶関数であるから，フーリエ余弦級数を求める.
$$f(x) = \dfrac{3}{2}\pi - \dfrac{4}{\pi}\sum_{k=1}^{\infty}\dfrac{1}{(2k-1)^2}\cos(2k-1)x$$

（**注意**：2章問題 A, 問 6 (4) の結果に π を加えたものである）

(2) 図より
$$f(x) = \begin{cases} -1 & (-3 \leq x \leq 1) \\ 2 & (1 \leq x < 3) \end{cases}$$

フーリエ級数展開は
$$f(x) = -\dfrac{3}{\pi}\sum_{n=1}^{\infty}\dfrac{1}{n}\sin\dfrac{n\pi}{3}\cos\dfrac{n\pi}{3}x + \dfrac{3}{\pi}\sum_{n=1}^{\infty}\dfrac{1}{n}\left\{\cos\dfrac{n\pi}{3} + (-1)^{n+1}\right\}\sin\dfrac{n\pi}{3}x$$

5. (1) $f(x) = \dfrac{b}{2} + \dfrac{4b}{\pi^2}\displaystyle\sum_{k=1}^{\infty}\dfrac{1}{(2k-1)^2}\cos\dfrac{(2k-1)\pi}{a}x$

(2) $f(x) = \dfrac{8b}{\pi^2}\displaystyle\sum_{k=1}^{\infty}\dfrac{(-1)^{k-1}}{(2k-1)^2}\sin\dfrac{(2k-1)\pi}{a}x$

6. 複素形フーリエ係数は
$$c_n = \dfrac{1}{2\pi}\int_{-\pi}^{\pi} e^x \cdot e^{-inx}\, dx = \dfrac{(-1)^n}{\pi(1-in)}\sinh\pi \quad (n = 0, \pm 1, \pm 2, \cdots)$$

複素形フーリエ級数は
$$f(x) = \frac{\sinh \pi}{\pi} \sum_{n=-\infty}^{\infty} \frac{(-1)^n}{1-in} e^{inx}$$

7. $\frac{1}{\pi}\int_{-\pi}^{\pi} \{f(x)\}^2 dx = \frac{1}{\pi}\int_{-\pi}^{\pi} dx = 2 \cdots$ (i)

$a_0 = a_n = 0$, $b_{2k-1} = \frac{4}{\pi}\cdot\frac{1}{2k-1}$, $b_{2k} = 0$ より

$$\frac{a_0^2}{2} + \sum_{n=1}^{\infty}(a_n^2 + b_n^2) = \sum_{k=1}^{\infty}\left(\frac{4}{\pi}\cdot\frac{1}{2k-1}\right)^2 = \frac{16}{\pi^2}\left(1 + \frac{1}{3^2} + \frac{1}{5^2} + \cdots\right) \cdots \text{(ii)}$$

パーセバルの等式から (i) と (ii) は等しい．ゆえに
$$\frac{16}{\pi^2}\left(1 + \frac{1}{3^2} + \frac{1}{5^2} + \cdots\right) = 2$$
両辺を $\pi^2/16$ 倍すると，与式が導かれる

8. (1) $C(\omega) = \sqrt{\frac{2}{\pi}}\frac{a\sin a\omega}{\omega}$ (2) $C(\omega) = \frac{3}{\sqrt{2\pi}}\frac{1-\cos 2\omega}{\omega^2}$

(3) 部分積分を 2 回行う．$S(\omega) = \sqrt{\frac{2}{\pi}}\frac{-\omega^2\cos\omega + 2\omega\sin\omega + 2\cos\omega - 2}{\omega^3}$

(4) $S(\omega) = \sqrt{\frac{2}{\pi}}\int_0^{\pi}\sin x\,\sin\omega x\,dx = -\frac{1}{2}\sqrt{\frac{2}{\pi}}\int_0^{\pi}\{\cos(1+\omega)x - \cos(1-\omega)x\}\,dx$

$\omega \neq \pm 1$ のとき $S(\omega) = \frac{1}{\sqrt{2\pi}}\left\{\frac{\sin(1-\omega)\pi}{1-\omega} - \frac{\sin(1+\omega)\pi}{1+\omega}\right\}$

$\omega = 1$ のとき $S(\omega) = \sqrt{\frac{\pi}{2}}$. $\omega = -1$ のとき $S(\omega) = -\sqrt{\frac{\pi}{2}}$

9. 関数 $f(x)$ は $f_0(x)$ を，原点を中心に x 軸方向へ 2 倍，y 軸方向へ 2 倍したもの，すなわち $f(x) = 2f_0(x/2)$ である．線形性と相似性より次が成り立つ（相似性の公式で $a = 1/2$）

$$F(x) = 2\cdot 2F_0(2\omega) = 4\sqrt{\frac{2}{\pi}}\frac{1-\cos 2\omega}{(2\omega)^2} = \sqrt{\frac{2}{\pi}}\frac{1-\cos 2\omega}{\omega^2}$$

10. $g(x) = \sqrt{\frac{\pi}{2}}F_0(x)$. フーリエ変換の対称性より $G(x) = \sqrt{\frac{\pi}{2}}\mathcal{F}[F_0(x)]$

$$= \sqrt{\frac{\pi}{2}}f(-\omega) = \begin{cases} \sqrt{\frac{\pi}{2}}\{1-(-\omega)\} = \sqrt{\frac{\pi}{2}}(1+\omega) & (-1 \leq \omega < 0) \\ \sqrt{\frac{\pi}{2}}\{1+(-\omega)\} = \sqrt{\frac{\pi}{2}}(1-\omega) & (0 \leq \omega \leq 1) \\ 0 & (\text{その他}) \end{cases}$$

11. $x \neq 0, \pm 1$ のとき $g(x) = f_0'(x)$. かつ $\lim_{x \to \pm\infty} f_0(x) = 0$. 原関数の微分に関する性質より $G(\omega) = \mathcal{F}[f_0'(x)] = i\omega F_0(\omega) = i\sqrt{\dfrac{2}{\pi}} \dfrac{1 - \cos\omega}{\omega}$

$\left(G(\omega) = -iS(\omega) \text{ より}, \; g(x) \text{ のフーリエ正弦変換は } S(\omega) = \sqrt{\dfrac{2}{\pi}} \dfrac{\cos\omega - 1}{\omega} \right)$

12. フーリエ変換の定義より
$$\mathcal{F}[f(x) * g(x)] = \dfrac{1}{\sqrt{2\pi}} \int_{-\infty}^{\infty} \left\{ \int_{-\infty}^{\infty} f(\tau) g(x - \tau) \, d\tau \right\} e^{-i\omega x} \, dx.$$ $y = x - \tau$ とおくと
$$\mathcal{F}[f(x) * g(x)] = \dfrac{1}{\sqrt{2\pi}} \int_{-\infty}^{\infty} \left\{ \int_{-\infty}^{\infty} f(\tau) g(y) \, d\tau \right\} e^{-i\omega(y + \tau)} \, dy$$
$$= \dfrac{1}{\sqrt{2\pi}} \left\{ \int_{-\infty}^{\infty} f(\tau) e^{-i\omega\tau} \, d\tau \right\} \left\{ \int_{-\infty}^{\infty} g(y) e^{-i\omega y} \, dy \right\}$$
$$= \sqrt{2\pi} \left\{ \dfrac{1}{\sqrt{2\pi}} \int_{-\infty}^{\infty} f(\tau) e^{-i\omega\tau} \, d\tau \right\} \left\{ \dfrac{1}{\sqrt{2\pi}} \int_{-\infty}^{\infty} g(y) e^{-i\omega y} \, dy \right\} = \sqrt{2\pi} F(\omega) G(\omega)$$

13. $F(\omega) = -iS_f(\omega)$, $H(\omega) = -iS_h(\omega)$ (S_f, S_h は f, h のフーリエ正弦変換) に注意

(1) $\mathcal{F}[f(x) * g(x)] = \sqrt{2\pi} F(\omega) G(\omega) = \sqrt{2\pi} \cdot (-i) \sqrt{\dfrac{2}{\pi}} \dfrac{1 - \cos\omega}{\omega} \cdot \sqrt{\dfrac{2}{\pi}} \dfrac{1 - \cos\omega}{\omega}$
$= -i\sqrt{\dfrac{2}{\pi}} \dfrac{2\sin\omega - \sin 2\omega}{\omega^2}$ $\left(\text{フーリエ正弦変換は } \sqrt{\dfrac{2}{\pi}} \dfrac{2\sin\omega - \sin 2\omega}{\omega^2}\right)$

(2) $\mathcal{F}[f(x) * h(x)] = \sqrt{2\pi} F(\omega) H(\omega) = \sqrt{2\pi} \cdot (-i) \sqrt{\dfrac{2}{\pi}} \dfrac{1 - \cos\omega}{\omega} \cdot (-i) \sqrt{\dfrac{2}{\pi}} \dfrac{\sin\omega - \omega\cos\omega}{\omega^2}$
$= \sqrt{\dfrac{2}{\pi}} \dfrac{2\omega\cos\omega - 2\omega\cos^2\omega - 2\sin\omega + \sin 2\omega}{\omega^3}$

14. (1) $f(x)$ のフーリエ変換 (フーリエ余弦変換) は $F(\omega) = C(\omega) = \sqrt{\dfrac{2}{\pi}} \dfrac{\sin a\omega}{\omega}$.

逆変換すると $\sqrt{\dfrac{2}{\pi}} \int_0^\infty C(\omega) \cos\omega x \, d\omega = \sqrt{\dfrac{2}{\pi}} \int_0^\infty \sqrt{\dfrac{2}{\pi}} \dfrac{\sin a\omega}{\omega} \cos\omega x \, d\omega$
$= \dfrac{2}{\pi} \int_0^\infty \dfrac{\sin a\omega}{\omega} \cos\omega x \, d\omega = \dfrac{1}{\pi} \int_{-\infty}^\infty \dfrac{\sin a\omega}{\omega} \cos\omega x \, d\omega$

逆変換の値は,もとの関数 $f(x)$ の連続点では $f(x)$ の値である.不連続点 $x = -1, 1$ では,$f(x)$ の右極限と左極限の平均値 $(1 + 0)/2 = 1/2$ である.したがって与えられた等式は成立する

(2) $x = 0$ を (1) の等式へ代入すると $\dfrac{1}{\pi} \int_{-\infty}^\infty \dfrac{\sin a\omega}{\omega} = 1$ である.両辺を π 倍し,積分範囲を右半分へ縮小すると,与えられた等式となる

15. $\int_{-\infty}^{\infty} |f(x)|^2 dx = 2\int_0^a dx = 2a$ $\cdots$ (i). $F(\omega) = C(\omega) = \sqrt{\dfrac{2}{\pi}} \dfrac{\sin a\omega}{\omega}$ より

$\int_{-\infty}^{\infty} |F(\omega)|^2 d\omega = \dfrac{2}{\pi}\int_{-\infty}^{\infty} \left(\dfrac{\sin a\omega}{\omega}\right)^2 d\omega$ $\cdots$ (ii). パーセバルの等式から (i) と (ii) は等しいので $\dfrac{2}{\pi}\int_{-\infty}^{\infty} \left(\dfrac{\sin a\omega}{\omega}\right)^2 = 2a$

両辺を $\pi/2$ 倍すると，与式が導かれる

16. (1) $2\int_0^{\infty} f(x)\, dx = 1$

(2) $F(\omega) = C(\omega) = \sqrt{\dfrac{2}{\pi}}\int_0^{\infty} \dfrac{1}{2}ae^{-ax}\cos\omega x\, dx$. $I = \int_0^{\infty} e^{-ax}\cos\omega x\, dx$ とおき，部分積分を 2 回行うと $I = \dfrac{1}{a} - \dfrac{\omega^2}{a^2}I$.

ゆえに $I = \dfrac{a}{\omega^2 + a^2}$. よって $F(\omega) = \dfrac{1}{\sqrt{2\pi}}\dfrac{a^2}{\omega^2 + a^2}$

(3) $\dfrac{1}{\sqrt{2\pi}}$

17. (1) $V(x,y) = X(x)Y(y)$ の形の解を求める．$V(x,0) = V(x,b) = 0$ より

$Y = B\sin\dfrac{n\pi}{b}y$ $(B：定数,\ n = 1, 2, \cdots)$．

$X = C\cosh\dfrac{n\pi}{b}x + D\sinh\dfrac{n\pi}{b}x$ $(C,\ D：定数)$ だが，三角関数を合成し $V(a,y) = 0$ を考慮すれば $X = E\sinh\dfrac{n\pi}{b}(a-x)$ $(E：定数)$ と表せる．

ゆえに $V = XY = A\sinh\dfrac{n\pi}{b}(a-x)\sin\dfrac{n\pi}{b}y$ $(A：定数)$．

よって $V(x,y) = \sum_{n=1}^{\infty} A_n \sinh\dfrac{n\pi}{b}(a-x)\sin\dfrac{n\pi}{b}y$ $(A_n：定数)$．$x = 0$ を代入すると

$V(0,y) = \sum_{n=1}^{\infty} A_n \sinh\dfrac{n\pi}{b}a\sin\dfrac{n\pi}{b}y$．条件と比較すると $A_n \sinh\dfrac{n\pi}{b}a = b_n$．

したがって $A_n = \dfrac{b_n}{\sinh\dfrac{n\pi}{b}a}$．解は $V(x,y) = \sum_{n=1}^{\infty} \dfrac{b_n \sinh\dfrac{n\pi}{b}(a-x)}{\sinh\dfrac{n\pi}{b}a}\sin\dfrac{n\pi}{b}y$

(2) $V(x,y) = X(x)Y(y)$ の形の解を求める．$V(x,0) = 0$ と，V の有界性より

$Y = B\sin\omega y$ $(B：定数,\ \omega > 0)$．

$X = C\cosh\omega x + D\sinh\omega x$ $(C,\ D：定数)$ だが，双曲線関数を合成し $V(a,y) = 0$ を考慮すれば $X = E\sinh\omega(a-x)$ $(E：定数)$ と表せる．

ゆえに $V = XY = A\sinh\omega(a-x)\sin\omega y$ $(A：定数)$．

よって $V(x,y) = \int_0^\infty A(\omega)\sinh\omega(a-x)\sin\omega y\,d\omega$. $x=0$ を代入すると

$V(0,y) = \int_0^\infty A(\omega)\sinh\omega a\sin\omega y\,d\omega$. 条件と比較すると $A(\omega)\sinh\omega a = \eta(\omega)$.

したがって $A(\omega) = \dfrac{\eta(\omega)}{\sinh\omega a}$. 解は $V(x,y) = \int_0^\infty \eta(\omega)\dfrac{\sinh\omega(a-x)}{\sinh\omega a}\sin\omega y\,d\omega$

18. $\int_{-1}^1\left(\dfrac{1}{\sqrt{2}}\right)^2 dx = 1$, $\int_{-1}^1\left(\sqrt{\dfrac{3}{2}}x\right)^2 dx = 1$, $\int_{-1}^1\left\{\dfrac{3\sqrt{10}}{4}\left(x^2-\dfrac{1}{3}\right)\right\}^2 dx = 1$,

$\int_{-1}^1 \dfrac{1}{\sqrt{2}}\cdot\dfrac{\sqrt{3}}{2}x\,dx = 0$, $\int_{-1}^1 \dfrac{1}{\sqrt{2}}\cdot\dfrac{3\sqrt{10}}{4}\left(x^2-\dfrac{1}{3}\right)dx = 0$,

$\int_{-1}^1 \sqrt{\dfrac{3}{2}}x\cdot\dfrac{3\sqrt{10}}{4}\left(x^2-\dfrac{1}{3}\right)dx = 0$（計算し確かめよ）. ゆえに正規直交関数系

第3章 ラプラス変換

問題A (p.54)

1. (1) $\Gamma(4) = 3! = 6$ (2) $\Gamma(7) = 6! = 720$ (3) $\Gamma\left(\dfrac{3}{2}\right) = \dfrac{1}{2}\Gamma\left(\dfrac{1}{2}\right) = \dfrac{\sqrt{\pi}}{2}$

(4) $\Gamma\left(\dfrac{9}{2}\right) = \dfrac{7}{2}\times\dfrac{5}{2}\times\dfrac{3}{2}\times\dfrac{1}{2}\Gamma\left(\dfrac{1}{2}\right) = \dfrac{105}{16}\sqrt{\pi}$

2. (1) $\dfrac{1}{s}$ (2) $\dfrac{2}{3s}$ (3) $\dfrac{1}{s^2}$ (4) $\dfrac{2}{s^3}$ (5) $\dfrac{6}{s^4}$ (6) $\dfrac{24}{s^5}$ (7) $\dfrac{1}{s-1}$ (8) $\dfrac{1}{s-5}$ (9) $\dfrac{1}{s+2}$

(10) $\dfrac{1}{s+3}$

3. (1) $\dfrac{s}{s^2-1}$ (2) $\dfrac{s}{s^2-9}$ (3) $\dfrac{2}{s^2-4}$ (4) $\dfrac{-\sqrt{2}}{s^2-2}$ (5) $\dfrac{s}{s^2+1}$ (6) $\dfrac{s}{s^2+9}$

(7) $\dfrac{1}{s^2+1}$ (8) $\dfrac{2}{s^2+4}$ (9) $\dfrac{s}{s^2+5}$ (10) $\dfrac{-\sqrt{3}}{s^2+3}$ (11) 1 (12) 2 (13) e^{-3s}

(14) $3e^{-s}$

4. (1) $\dfrac{2}{s^3}+\dfrac{3}{s^2}+\dfrac{1}{s}$ (2) $\dfrac{12}{s^4}-\dfrac{4}{s^2}+\dfrac{4}{s}$ (3) $\dfrac{1}{s-1}+\dfrac{1}{s+2}$ (4) $\dfrac{1}{s-3}-\dfrac{5}{s-2}+\dfrac{1}{s}$

(5) $\dfrac{s}{s^2-4}+\dfrac{3s}{s^2+4}$ (6) $\dfrac{4}{s^2-16}-\dfrac{s}{s^2+2}$ (7) $\dfrac{\sqrt{3}}{s^2+3}+\dfrac{1}{s-2}-\dfrac{1}{s^2}$

(8) $\dfrac{15}{s^2+25} + \dfrac{2s}{s^2+1} - 1$

5. (1) $G(s) = \dfrac{1}{2}F\left(\dfrac{s}{2}\right) = \dfrac{s}{s^2+4}$ (2) $G(s) = 2F(2s) = \dfrac{2}{4s^2-1}$

6. (1) $\dfrac{1}{(s-2)^2}$ (2) $\dfrac{2}{(s+3)^3}$ (3) $\dfrac{s+2}{(s+2)^2-1}$ (4) $\dfrac{2}{(s-1)^2-4}$
(5) $\dfrac{2}{(s-3)^2+4}$ (6) $\dfrac{s+1}{(s+1)^2+9}$ (7) $\dfrac{s-2}{(s-2)^2+\omega^2}$ (8) $\dfrac{\omega}{(s+3)^2+\omega^2}$

7. (1) $sF(s)$ (2) $2sF(s)$ (3) $s^2F(s)$ (4) $s^3F(s)$ (5) $-3+sF(s)$
(6) $-2+3sF(s)$ (7) $2-s^2+s^3F(s)$ (8) $-2\sqrt{3}+10s+2s^2F(s)$

8. (1) $\mathcal{L}\left\{\displaystyle\int_0^t \cos u\, du\right\} = \dfrac{\mathcal{L}\{\cos t\}}{s} = \dfrac{1}{s^2+1}$
(2) $\mathcal{L}\left\{\displaystyle\int_0^t \cosh 2u\, du\right\} = \dfrac{\mathcal{L}\{\cosh 2t\}}{s} = \dfrac{1}{s^2-4}$
(3) $\mathcal{L}\left\{\displaystyle\int_0^t \sin 5u\, du\right\} = \dfrac{\mathcal{L}\{\sin 5t\}}{s} = \dfrac{5}{s(s^2+25)}$
(4) $\mathcal{L}\left\{\displaystyle\int_0^t \sinh 3u\, du\right\} = \dfrac{\mathcal{L}\{\sinh 3t\}}{s} = \dfrac{3}{s(s^2-9)}$
(5) $\mathcal{L}\left\{\displaystyle\int_0^t e^u \cos u\, du\right\} = \dfrac{\mathcal{L}\{e^t \cos t\}}{s} = \dfrac{s-1}{s(s^2-2s+2)}$
(6) $\mathcal{L}\left\{\displaystyle\int_0^t e^{-u} \sin 2u\, du\right\} = \dfrac{\mathcal{L}\{e^{-t} \sin 2t\}}{s} = \dfrac{2}{s(s^2+2s+5)}$
(7) $\mathcal{L}\left\{\displaystyle\int_0^t u e^{-2u}\, du\right\} = \dfrac{\mathcal{L}\{te^{-2t}\}}{s} = \dfrac{1}{s(s+2)^2}$
(8) $\mathcal{L}\left\{\displaystyle\int_0^t u^2 e^{4u}\, du\right\} = \dfrac{\mathcal{L}\{t^2 e^{4t}\}}{s} = \dfrac{2}{s(s-4)^3}$

9. (1) $\mathcal{L}\{te^t\} = -\dfrac{d}{ds}\dfrac{1}{s-1} = \dfrac{1}{(s-1)^2}$ (2) $\mathcal{L}\{t^2 e^t\} = (-1)^2 \dfrac{d^2}{ds^2}\dfrac{1}{s-1} = \dfrac{2}{(s-1)^3}$
(3) $\mathcal{L}\{t\cos 2t\} = -\dfrac{d}{ds}\dfrac{s}{s^2+4} = \dfrac{s^2-4}{(s^2+4)^2}$ (4) $\mathcal{L}\{t\sin 3t\} = -\dfrac{d}{ds}\dfrac{3}{s^2+9} = \dfrac{6s}{(s^2+9)^2}$
(5) $\mathcal{L}\{t^2 \cos 2t\} = (-1)^2 \dfrac{d^2}{ds^2}\dfrac{s}{s^2+4} = \dfrac{2s(s^2-12)}{(s^2+4)^3}$
(6) $\mathcal{L}\{t^2 \sin 3t\} = (-1)^2 \dfrac{d^2}{ds^2}\dfrac{3}{s^2+9} = \dfrac{18(s^2-3)}{(s^2+9)^3}$

10. (1) $\mathcal{L}\{U(t-2)(t-2)\} = \dfrac{e^{-2s}}{s^2}$

(2) $\mathcal{L}\left\{U\left(t-\dfrac{\pi}{2}\right)\sin 2\left(t-\dfrac{\pi}{2}\right)\right\} = \dfrac{2e^{-\frac{\pi}{2}s}}{s^2+4}$

(3) $\mathcal{L}\{U(t-1)\,3\} = \dfrac{3e^{-s}}{s}$

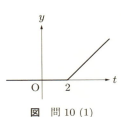

図　問 10 (1)

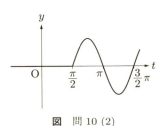

図　問 10 (2)

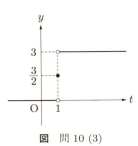

図　問 10 (3)

11. (1) $\dfrac{1}{s(s-1)}$　(2) $\dfrac{2}{s^5}$　(3) $\dfrac{1}{s(s^2+4)}$　(4) $\dfrac{2}{s^2(s^2-\pi^2)}$　(5) $\dfrac{\pi}{s(s^2+\pi^2)}$

(6) $\dfrac{2}{(s+3)(s^2+4)}$

12. (1) 定義から $G(s) = \displaystyle\int_0^1 e^{-st}\,dt + \int_1^2 3e^{-st}\,dt = \dfrac{1+2e^{-s}-3e^{-2s}}{s}$.

$F(s) = \dfrac{1+2e^{-s}-3e^{-2s}}{s(1-e^{-2s})} = \dfrac{(1-e^{-s})(1+3e^{-s})}{s(1-e^{-s})(1+e^{-s})} = \dfrac{1+3e^{-s}}{s(1+e^{-s})}$

（別解：$g(t) = U(t) + 2U(t-1) - 3U(t-2)$ をラプラス変換）

(2) 定義から $G(s) = \displaystyle\int_0^1 2te^{-st}\,dt = -\dfrac{2e^{-s}}{s} + \dfrac{2(1-e^{-s})}{s^2}$.

$F(s) = \dfrac{2}{s^2} - \dfrac{2e^{-s}}{s(1-e^{-s})}$

（別解：$g(t) = 2t - 2U(t-1)\cdot(t-1) - 2U(t-1)$ をラプラス変換）

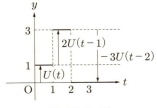

図　問 12 (1)

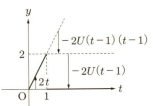

図　問 12 (2)

13. (1) $\mathcal{L}\left\{\dfrac{e^{-3t}-e^{-4t}}{t}\right\} = \displaystyle\int_s^\infty \left(\dfrac{1}{u+3}-\dfrac{1}{u+4}\right)du = \log\left|\dfrac{s+4}{s+3}\right|$

(2) $\mathcal{L}\left\{\dfrac{\sinh 3t}{t}\right\} = \displaystyle\int_s^\infty \dfrac{3}{u^2-9}du = \int_s^\infty \dfrac{1}{2}\left(\dfrac{1}{u-3}-\dfrac{1}{u+3}\right)du = \dfrac{1}{2}\log\left|\dfrac{s+3}{s-3}\right|$

(3) $\mathcal{L}\left\{\dfrac{\cos t - \cos 2t}{t}\right\} = \displaystyle\int_s^\infty \left(\dfrac{u}{u^2+1}-\dfrac{u}{u^2+4}\right)du = \dfrac{1}{2}\log\left|\dfrac{s^2+4}{s^2+1}\right|$

(4) $\mathcal{L}\left\{\dfrac{\sin 5t}{t}\right\} = \displaystyle\int_s^\infty \dfrac{5}{u^2+25}du$ $(x=u/5$ とおく$) = \int_{s/5}^\infty \dfrac{1}{x^2+1}dx = \cot^{-1}\dfrac{s}{5}$

14. (1) 1 (2) 4 (3) t (4) $\dfrac{t^2}{2}$ (5) $\dfrac{t^3}{6}$ (6) $\dfrac{t^4}{24}$ (7) e^t (8) e^{3t} (9) e^{-2t}
(10) e^{-4t} (11) $\cosh t$ (12) $\sinh t$ (13) $\sinh 2t$ (14) $\cosh 3t$ (15) $\cos t$ (16) $\sin t$
(17) $\sin 3t$ (18) $\cos 4t$ (19) $2\delta(t)$ (20) $\delta(t-1)$ (21) $3\delta(t-1)$ (22) $\pi\delta(t-2)$

15. (1) $e^{2t}+4e^{-3t}$ (2) $e^t+3\cos 2t$ (3) $2-3t+2\sin 3t$ (4) $\sinh 5t - \cosh\sqrt{7}t$
(5) te^{2t} (6) $\dfrac{1}{2}t^2 e^{2t}$ (7) $e^t\cos 2t$ (8) $e^{-2t}\sin 2t$ (9) $3e^{-t}\sin t$ (10) $e^{2t}\cos 3t$

16. (1) $\mathcal{L}^{-1}\left\{\dfrac{1}{s(s-2)}\right\} = \displaystyle\int_0^t e^{2u}du = \dfrac{1}{2}(e^{2t}-1)$

(2) $\mathcal{L}^{-1}\left\{\dfrac{1}{s(s+1)}\right\} = \displaystyle\int_0^t e^{-u}du = 1-e^{-t}$

(3) $\mathcal{L}^{-1}\left\{\dfrac{5}{s(s^2+25)}\right\} = \displaystyle\int_0^t \sin 5u\, du = \dfrac{1}{5}(1-\cos 5t)$

(4) $\mathcal{L}^{-1}\left\{\dfrac{4}{s(s^2-16)}\right\} = \displaystyle\int_0^t \sinh 4u\, du = \dfrac{1}{4}(\cosh 4t - 1)$ (5) $U(t-1)(t-1)$

(6) $\dfrac{1}{2}U(t-2)(t-2)^2$ (7) $U(t-3)\cos 2(t-3)$ (8) $\dfrac{1}{\sqrt{3}}U(t-1)\sin\sqrt{3}(t-1)$

(9) $-t\cos t$ (10) $-t\sin 3t$ (11) $\mathcal{L}^{-1}\left\{\dfrac{d}{ds}\dfrac{4}{s^3}\right\} = -t\cdot\dfrac{4t^2}{2} = -2t^3$

(12) $-\dfrac{1}{\sqrt{2}}te^{-2t}\sin\sqrt{2}t$

17. 適宜実数倍し，見やすくする．

(1) $\mathcal{L}^{-1}\left\{\dfrac{s^2-1}{(s^2+1)^2}\right\} = t\cos t$ (2) $\mathcal{L}^{-1}\left\{\dfrac{s+2}{(s^2+4s+6)^2}\right\} = \dfrac{\sqrt{2}}{4}te^{-2t}\sin\sqrt{2}t$

18. (1) $\mathcal{L}^{-1}\left\{\dfrac{1}{s(s+2)}\right\} = \mathcal{L}^{-1}\left\{\dfrac{1}{s}\right\} * \mathcal{L}^{-1}\left\{\dfrac{1}{s+2}\right\} = 1 * e^{-2t} = \displaystyle\int_0^t e^{-2z}\times 1\, dz$

問題解答（第3章 ラプラス変換） 113

$$= \left[-\frac{1}{2}e^{-2z}\right]_0^t = \frac{1}{2}(1 - e^{-2t})$$

(2) $\mathcal{L}^{-1}\left\{\dfrac{s}{(s^2+9)^2}\right\} = \mathcal{L}^{-1}\left\{\dfrac{s}{s^2+9}\right\} \mathcal{L}^{-1}\left\{\dfrac{1}{s^2+9}\right\} = \cos 3t * \dfrac{1}{3}\sin 3t$

$= \displaystyle\int_0^t (\cos 3z) \times \frac{1}{3}\sin 3(t-z)\,dz = \frac{1}{6}\int_0^t \{\sin 3t + \sin(3t - 6z)\}\,dz$

$= \dfrac{1}{6}\left[z\sin 3t - \dfrac{\cos(3t-6z)}{-6}\right]_0^t = \dfrac{1}{6}t\sin 3t$

19. (1) $\mathcal{L}^{-1}\left\{\dfrac{2s+4}{s^2+4s+3}\right\} = \mathcal{L}^{-1}\left\{\dfrac{1}{s+1}\right\} + \mathcal{L}^{-1}\left\{\dfrac{1}{s+3}\right\} = e^{-t} + e^{-3t}$

(2) $\mathcal{L}^{-1}\left\{\dfrac{1}{s^2+5s+6}\right\} = \mathcal{L}^{-1}\left\{\dfrac{1}{s+2}\right\} - \mathcal{L}^{-1}\left\{\dfrac{1}{s+3}\right\} = e^{-2t} - e^{-3t}$

(3) $\mathcal{L}^{-1}\left\{\dfrac{3s-3}{s^2-4s-5}\right\} = \mathcal{L}^{-1}\left\{\dfrac{2}{s-5}\right\} + \mathcal{L}^{-1}\left\{\dfrac{1}{s+1}\right\} = 2e^{5t} + e^{-t}$

(4) $\mathcal{L}^{-1}\left\{\dfrac{s+1}{s^2+2s+5}\right\} = \dfrac{1}{2}\left[\mathcal{L}^{-1}\left\{\dfrac{1}{s+1+2i}\right\} + \mathcal{L}^{-1}\left\{\dfrac{1}{s+1-2i}\right\}\right]$

$= \dfrac{1}{2}\left\{e^{(-1-2i)t} + e^{(-1+2i)t}\right\} = e^{-t}\cos 2t$

20. $\mathcal{L}\{y(t)\} = Y(s)$ とおく．

(1) $s^2Y(s) - 2 + 4sY(s) + 3Y(s) = 0$, $Y(s) = \dfrac{2}{s^2+4s+3} = \dfrac{1}{s+1} - \dfrac{1}{s+3}$,

$y(t) = e^{-t} - e^{-3t}$

(2) $s^2Y(s) - s - 8 + 7sY(s) - 7 + 10Y(s) = 0$, $Y(s) = \dfrac{s+15}{s^2+7s+10} = \dfrac{13}{3}\dfrac{1}{s+2} - \dfrac{10}{3}\dfrac{1}{s+5}$,

$y(t) = \dfrac{13}{3}e^{-2t} - \dfrac{10}{3}e^{-5t}$

(3) $s^2Y(s) - 6 + 4Y(s) = 0$, $Y(s) = \dfrac{6}{s^2+4} = 3 \times \dfrac{2}{s^2+4}$, $y(t) = 3\sin 2t$

(4) $s^2Y(s) - s - 4 + 8sY(s) - 8 + 17Y(s) = 0$, $Y(s) = \dfrac{s+12}{s^2+8s+17} = \dfrac{s+4+8}{(s+4)^2+1}$,

$y(t) = e^{-4t}(\cos t + 8\sin t)$

(5) $sY(s) - 3 + 3Y(s) = \dfrac{1}{s+2}$, $Y(s) = \dfrac{3s+7}{s^2+5s+6} = \dfrac{1}{s+2} + \dfrac{2}{s+3}$,

$y(t) = e^{-2t} + 2e^{-3t}$

(6) $s^2Y(s) - s - \sqrt{2} + 2Y(s) = 0$, $Y(s) = \dfrac{s+\sqrt{2}}{s^2+2} = \dfrac{s}{s^2+2} + \dfrac{\sqrt{2}}{s^2+2}$,

$y(t) = \cos\sqrt{2}t + \sin\sqrt{2}t$

21. (1) インパルス応答を $x(t)$ とすると $\dfrac{d^2x}{dt^2} + 6\dfrac{dx}{dt} + 8x = \delta(t)$, $x(0) = 0$, $x'(0) = 0$. $s^2X(s) + 6sX(s) + 8X(s) = 1$,
$X(s) = \dfrac{1}{s^2 + 6s + 8} = \dfrac{1}{2}\left(\dfrac{1}{s+2} - \dfrac{1}{s+4}\right)$, $x(t) = \dfrac{1}{2}e^{-2t} - \dfrac{1}{2}e^{-4t}$

(2) $y(t) = x(t) * 1 = \displaystyle\int_0^t \left(\dfrac{1}{2}e^{-2z} - \dfrac{1}{2}e^{-4z}\right) \times 1\, dz = -\dfrac{1}{4}e^{-2t} + \dfrac{1}{8}e^{-4t} + \dfrac{1}{8}$

$\left(\text{別法}: \mathcal{L}\{1\} = \dfrac{1}{s},\ y(t) = \mathcal{L}^{-1}\left\{X(s)\dfrac{1}{s}\right\} = \mathcal{L}^{-1}\left\{\dfrac{1}{2}\left(\dfrac{1}{s+2}\cdot\dfrac{1}{s} - \dfrac{1}{s+4}\cdot\dfrac{1}{s}\right)\right\}\right.$
$\left. = \dfrac{1}{2}\displaystyle\int_0^t e^{-2u}\,du - \dfrac{1}{2}\int_0^t e^{-4u}\,du\ \text{を計算する}\right)$

22. (1) インパルス応答を $x(t)$ とすると $\dfrac{dx}{dt} + 3x = \delta(t)$, $x(0) = 0$.
$sX(s) + 3X(s) = 1,\ X(s) = \dfrac{1}{s+3},\ x(t) = e^{-3t}$

(2) $y(t) = x(t) * e^t = \displaystyle\int_0^t e^{-3z} \times e^{t-z}\,dz = \int_0^t e^{-4z+t}\,dz = -\dfrac{1}{4}\left[e^{-4z+t}\right]_0^t$
$= \dfrac{1}{4}(e^t - e^{-3t})\ \left(\text{別法}: \mathcal{L}\{e^t\} = \dfrac{1}{s-1},\ y(t) = \mathcal{L}^{-1}\left\{X(s)\dfrac{1}{s-1}\right\}\right.$
$\left. = \mathcal{L}^{-1}\left\{\dfrac{1}{s+3}\cdot\dfrac{1}{s-1}\right\} = \mathcal{L}^{-1}\left\{\dfrac{1}{4}\left(\dfrac{1}{s-1} - \dfrac{1}{s+3}\right)\right\} = \dfrac{1}{4}(e^t - e^{-3t})\right)$

問題 B (p.60)

1. $s > 0$ とする.

(1) $\mathcal{L}\{3\} = \displaystyle\int_0^\infty 3e^{-st}\,dt = 3\left[\dfrac{e^{-st}}{-s}\right]_0^\infty = -\dfrac{3}{-s} = \dfrac{3}{s}\ \left(\text{注意}: \mathcal{L}\{3\} = \int_0^\infty 3e^{-st}\,dt\right.$
$= \displaystyle\lim_{T\to\infty}\int_0^T 3e^{-st}\,dt = 3\lim_{T\to\infty}\left[\dfrac{e^{-st}}{-s}\right]_0^T = 3\left(\lim_{T\to\infty}\dfrac{e^{-sT}}{-s} - \dfrac{1}{-s}\right) = \dfrac{3}{s}$
$\left.\text{と記すべきだが，簡単のため前者のように記す．以下の類似表記も同様}\right)$

(2) $1 < s$ とする. $\mathcal{L}\{e^t\} = \displaystyle\int_0^\infty e^t e^{-st}\,dt = \left[\dfrac{e^{(1-s)t}}{1-s}\right]_0^\infty = -\dfrac{1}{1-s} = \dfrac{1}{s-1}$

(3) $2 < s$ とする. $\mathcal{L}\{e^{2t} + 1\} = \displaystyle\int_0^\infty (e^{2t} + 1)e^{-st}\,dt = \int_0^\infty (e^{(2-s)t} + e^{-st})\,dt$

問題解答（第3章 ラプラス変換）　　　　　　　　　　115

$$= \left[\frac{e^{(2-s)t}}{2-s} + \frac{e^{-st}}{-s}\right]_0^\infty = -\frac{1}{2-s} - \frac{1}{-s} = \frac{1}{s-2} + \frac{1}{s}$$

(4) $\mathcal{L}\{t\} = \int_0^\infty te^{-st}\,dt = \left[t\frac{e^{-st}}{-s}\right]_0^\infty - \int_0^\infty \frac{e^{-st}}{-s}\,dt = \frac{1}{s}\left[\frac{e^{-st}}{-s}\right]_0^\infty = \frac{1}{s}\cdot\frac{1}{s} = \frac{1}{s^2}$

$\left(\text{ロピタルの定理より } \lim_{t\to\infty} te^{-st} = \lim_{t\to\infty}\frac{(t)'}{(e^{st})'} = \lim_{t\to\infty}\frac{1}{se^{st}} = 0\right)$

2. (1) $\dfrac{15\sqrt{\pi}}{8s^{\frac{7}{2}}}$　(2) $\dfrac{1}{s+\pi}$　(3) $\dfrac{4s}{4s^2-1}$　(4) $\dfrac{\sqrt{2}}{2s^2-1}$　(5) $\dfrac{s}{s^2+\pi^2}$　(6) $\dfrac{4}{s^2+16}$

(7) $e^{-\pi s}$　(8) $\dfrac{1}{2}e^{-3s}$

(9) （与式） $= \cos\omega t \cos\dfrac{\pi}{6} - \sin\omega t \sin\dfrac{\pi}{6}$,　$\mathcal{L}\left\{\cos\left(\omega t + \dfrac{\pi}{6}\right)\right\} = \dfrac{\sqrt{3}s - \omega}{2(s^2+\omega^2)}$

(10) （与式） $= \sin\omega t \cos a + \cos\omega t \sin a$,　$\mathcal{L}\{\sin(\omega t + a)\} = \dfrac{\omega\cos a + s\sin a}{s^2+\omega^2}$

(11) $\mathcal{L}\{te^{-2t}\sin\omega t\} = -\dfrac{d}{ds}\dfrac{\omega}{(s+2)^2+\omega^2} = \dfrac{2\omega(s+2)}{\{(s+2)^2+\omega^2\}^2}$

(12) $\mathcal{L}\{te^{-at}\cos 3t\} = -\dfrac{d}{ds}\dfrac{s+a}{(s+a)^2+9} = \dfrac{(s+a)^2-9}{\{(s+a)^2+9\}^2}$

3. (1) e^{-Ts}　(2) $1 + e^{-Ts} + e^{-2Ts} + \cdots = \dfrac{1}{1-e^{-Ts}}$

（初項 1, 公比 e^{-Ts} の等比数列の無限和．$|e^{-Ts}| < 1$ より収束する）

4. (1) $\dfrac{1}{s+2}$　(2) $\dfrac{\pi e^{-s}}{s^2+\pi^2}$　(3) $\dfrac{1}{s(s+3)}$　(4) $\dfrac{s}{s(s^2+4\pi^2)} = \dfrac{1}{s^2+4\pi^2}$

5. (1) 定義から $G(s) = \int_0^\pi e^{-st}\,dt + \int_\pi^{2\pi} 0\cdot e^{-st}\,dt = \dfrac{1-e^{-\pi s}}{s}$.

$F(s) = \dfrac{1-e^{-\pi s}}{s(1-e^{-2\pi s})} = \dfrac{1}{s(1+e^{-\pi s})}$

（別解：$g(t) = U(t) - U(t-\pi)$ のラプラス変換利用）

(2) $F(s) = \dfrac{1-e^{-Ts}}{s(1+e^{-Ts})}$　(3) $g(t) = \sin at - U\left(t-\dfrac{\pi}{a}\right)\sin a\left(t-\dfrac{\pi}{a}\right)$ の $0 < t < \dfrac{\pi}{a}$

の部分を，周期 $\dfrac{\pi}{a}$ で繰り返す関数が $f(t)$ である．$g(t)$ のラプラス変換は

$G(s) = (1+e^{-\frac{\pi}{a}s})\dfrac{a}{s^2+a^2}$.　$F(s) = \dfrac{1+e^{-\frac{\pi}{a}s}}{1-e^{-\frac{\pi}{a}s}}\dfrac{a}{s^2+a^2}$

6. (1) $\dfrac{2t^{\frac{1}{2}}}{\sqrt{\pi}}$ (2) $\dfrac{e^{-\frac{1}{3}t}}{\sqrt{3\pi t}}$ (3) $\dfrac{1}{2}e^{2t} - e^t + \dfrac{1}{2}$

(4) $\mathcal{L}^{-1}\left\{\dfrac{1}{s(s+1)^2}\right\} = \displaystyle\int_0^t e^{-u}u\,du = -te^{-t} - e^{-t} + 1$

(5) $\mathcal{L}^{-1}\left\{\dfrac{1}{s(s^2+4s+4)}\right\} = \mathcal{L}^{-1}\left\{\dfrac{1}{s(s+2)^2}\right\} = \displaystyle\int_0^t e^{-2u}u\,du = -\dfrac{1}{2}te^{-2t} - \dfrac{1}{4}e^{-2t} + \dfrac{1}{4}$

(6) $\mathcal{L}^{-1}\left\{\dfrac{1}{s(s^2+2s+4)}\right\} = \mathcal{L}^{-1}\left\{\dfrac{\sqrt{3}}{\sqrt{3}s\{(s+1)^2+3\}}\right\} = \dfrac{1}{\sqrt{3}}\displaystyle\int_0^t e^{-u}\sin\sqrt{3}u\,du$

$= -\dfrac{1}{4}\left(\dfrac{1}{\sqrt{3}}e^{-t}\sin\sqrt{3}t + e^{-t}\cos\sqrt{3}t - 1\right)$

（$I = \displaystyle\int_0^t e^{-u}\sin\sqrt{3}u\,du$ と置き，部分積分を 2 回行う）

(7) $\mathcal{L}^{-1}\left\{\dfrac{s^2+6s+15}{(s+5)(s^2+6s+10)}\right\} = \mathcal{L}^{-1}\left\{\dfrac{2}{s+5} - \dfrac{s+3}{(s+3)^2+1} + \dfrac{2}{(s+3)^2+1}\right\}$

$= 2e^{-5t} - e^{-3t}\cos t + 2e^{-3t}\sin t$

(8) $\mathcal{L}^{-1}\left\{\dfrac{(s^2-4s-3)e^{-3s}}{(2s+1)(s+1)(s-1)}\right\} = \mathcal{L}^{-1}\left\{\left(\dfrac{1}{2(s+\frac{1}{2})} + \dfrac{1}{s+1} - \dfrac{1}{s-1}\right)e^{-3s}\right\}$

$= U(t-3)\left(\dfrac{1}{2}e^{-\frac{1}{2}(t-3)} + e^{-(t-3)} - e^{t-3}\right)$

7. (1) $\mathcal{L}^{-1}\left\{\dfrac{1}{s^3}\right\} = (-t)^2\dfrac{t^2}{2} = \dfrac{t^4}{2}$

(2) $\dfrac{d^2}{ds^2}\dfrac{1}{s^3} = \dfrac{d}{ds}\dfrac{-3}{s^4} = \dfrac{12}{s^5}$. $\mathcal{L}^{-1}\left\{\dfrac{12}{s^5}\right\} = 12\dfrac{t^4}{4!} = \dfrac{t^4}{2}$

8. (1) 方法 1：$e^t * e^t = \displaystyle\int_0^t e^z e^{t-z}\,dz = \int_0^t e^t\,dz = e^t\,[z]_0^t = te^t$

方法 2：$\mathcal{L}\{e^t * e^t\} = \mathcal{L}\{e^t\}\mathcal{L}\{e^t\} = \dfrac{1}{s-1}\dfrac{1}{s-1} = \dfrac{1}{(s-1)^2}$.

$e^t * e^t = \mathcal{L}^{-1}\left\{\dfrac{1}{(s-1)^2}\right\} = te^t$

(2) 方法 1：$t * \sin\omega t = \displaystyle\int_0^t z\sin\omega(t-z)\,dz = \dfrac{t}{\omega} - \dfrac{\sin\omega t}{\omega^2}$

方法 2：$\mathcal{L}\{t * \sin\omega t\} = \mathcal{L}\{t\}\mathcal{L}\{\sin\omega t\} = \dfrac{1}{s^2}\dfrac{\omega}{s^2+\omega^2} = \dfrac{1}{\omega}\left(\dfrac{1}{s^2} - \dfrac{1}{s^2+\omega^2}\right)$.

$t * \sin\omega t = \dfrac{1}{\omega}\mathcal{L}^{-1}\left\{\dfrac{1}{s^2}\right\} - \dfrac{1}{\omega^2}\mathcal{L}^{-1}\left\{\dfrac{\omega}{s^2+\omega^2}\right\} = \dfrac{t}{\omega} - \dfrac{\sin\omega t}{\omega^2}$

問題解答（第3章 ラプラス変換）

9. $\mathcal{L}\{y(t)\} = Y(s)$ とおく．

(1) $Y(s) = \dfrac{1}{(s+1)^3} + \dfrac{a}{s+1}$, $y(t) = \dfrac{t^2}{2}e^{-t} + ae^{-t}$

(2) $Y(s) = \dfrac{1}{\omega^2 - 9}\left(\dfrac{\omega}{s^2+9} - \dfrac{\omega}{s^2+\omega^2}\right) + \dfrac{2s}{s^2+9} + \dfrac{1}{s^2+9}$,

$y(t) = \dfrac{1}{3}\left(\dfrac{\omega}{\omega^2-9} + 1\right)\sin 3t - \dfrac{1}{\omega^2-9}\sin \omega t + 2\cos 3t$

10. (1) $\mathcal{L}\{x(t)\} = X(s), \mathcal{L}\{y(t)\} = Y(s)$ とおく．$(s-3)X(s) + 2Y(s) = 2$,

$2X(s) - (s+1)Y(s) = -2$． $X(s) = \dfrac{2}{s-1}$, $Y(s) = \dfrac{2}{s-1}$.

$x(t) = \mathcal{L}^{-1}\left\{\dfrac{2}{s-1}\right\} = 2e^t$, $y(t) = \mathcal{L}^{-1}\left\{\dfrac{2}{s-1}\right\} = 2e^t$

(2) $\mathcal{L}\{y(t)\} = Y(s), \mathcal{L}\{z(t)\} = Z(s)$ とおく．$sY(s) - sZ(s) = \dfrac{1}{s}$,

$s^2 Y(s) - 4Z(s) = 1 + s$．$Y(s) = \dfrac{1}{s^2} + \dfrac{s}{s^2-4}$, $Z(s) = \dfrac{s}{s^2-4}$.

$y(t) = t + \cosh 2t$, $z(t) = \cosh 2t$

11. (1) $Y(s) = \mathcal{L}\{y(t)\}$ とおく．$sY(s) - 1 + 5Y(s) + \dfrac{4}{s}Y(s) = \dfrac{7}{s}$,

$Y(s) = \dfrac{s+7}{s^2+5s+4} = \dfrac{2}{s+1} - \dfrac{1}{s+4}$．$y(t) = 2e^{-t} - e^{-4t}$

(2) $Y(s) = \mathcal{L}\{y(t)\}$ とおく．与えられた方程式は $y(t) = t + y(t) * \cos t$ となるので，

$Y(s) = \dfrac{1}{s^2} + Y(s)\dfrac{s}{s^2+1}$,

$Y(s) = \dfrac{s^2+1}{s^2(s^2-s+1)} = \dfrac{1}{s^2} + \dfrac{1}{s} - \dfrac{s-\frac{1}{2}}{(s-\frac{1}{2})^2 + \frac{3}{4}} + \dfrac{1}{\sqrt{3}}\dfrac{\frac{\sqrt{3}}{2}}{(s-\frac{1}{2})^2 + \frac{3}{4}}$.

$y(t) = t + 1 - e^{\frac{1}{2}t}\cos\dfrac{\sqrt{3}}{2}t + \dfrac{1}{\sqrt{3}}e^{\frac{1}{2}t}\sin\dfrac{\sqrt{3}}{2}t$

12. (1) $\mathcal{L}\{t\sin 3t\} = -\dfrac{d}{ds}\dfrac{3}{s^2+9} = \dfrac{6s}{(s^2+9)^2}$.

ラプラス変換の定義を使って書くと，$\displaystyle\int_0^\infty e^{-st}t\sin 3t\, dt = \dfrac{6s}{(s^2+9)^2}$.

$s = 1$ とおくと，$\displaystyle\int_0^\infty te^{-t}\sin 3t\, dt = \dfrac{6}{(1^2+9)^2} = \dfrac{3}{50}$

(2) $\mathcal{L}\{t^2\cos 2t\} = (-1)^2\dfrac{d^2}{ds^2}\dfrac{s}{s^2+4} = \dfrac{s(2s^2-24)}{(s^2+4)^3}$

ラプラス変換の定義を使って書くと，$\int_0^\infty e^{-st}t^2\cos 2t\,dt = \dfrac{s(2s^2-24)}{(s^2+4)^3}$.

$s=2$ とおくと，$\int_0^\infty t^2 e^{-2t}\cos 2t\,dt = \dfrac{2\cdot(2\cdot 2^2-24)}{(2^2+4)^3} = -\dfrac{1}{16}$

13. (1) $\lim\limits_{t\to +0} f(t) = \lim\limits_{s\to\infty} sF(s) = \lim\limits_{s\to\infty} s\dfrac{1}{s(s+3)} = \lim\limits_{s\to\infty}\dfrac{1}{s+3} = 0$

(2) $\lim\limits_{t\to\infty} f(t) = \lim\limits_{s\to 0} sF(s) = \lim\limits_{s\to 0}\dfrac{(s+2)e^{-s}}{s^2+s} = \lim\limits_{s\to 0}\dfrac{(s+2)e^{-s}}{s+1} = 2$

14. $I(s) = \mathcal{L}\{i(t)\}$ とおく．

(1) $LsI(s)+RI(s)=1$, $I(s)=\dfrac{1}{Ls+R}=\dfrac{1}{L}\dfrac{1}{s+\frac{R}{L}}$. $i(t)=\dfrac{1}{L}e^{-\frac{R}{L}t}$

(2) $LsI(s)+RI(s)=\dfrac{1}{s}$, $I(s)=\dfrac{1}{s(Ls+R)}=\dfrac{1}{R}\left(\dfrac{1}{s}-\dfrac{1}{s+\frac{R}{L}}\right)$. $i(t)=\dfrac{1}{R}(1-e^{-\frac{R}{L}t})$

(3) $LsI(s)+RI(s)=\dfrac{1}{s^2+1}$,

$I(s)=\dfrac{1}{(s^2+1)(Ls+R)}=\dfrac{R}{R^2+L^2}\dfrac{1}{s^2+1}-\dfrac{L}{R^2+L^2}\dfrac{s}{s^2+1}+\dfrac{L}{R^2+L^2}\dfrac{1}{s+\frac{R}{L}}$

$i(t)=\dfrac{R}{R^2+L^2}\sin t - \dfrac{L}{R^2+L^2}\cos t + \dfrac{L}{R^2+L^2}e^{-\frac{R}{L}t} = \sin(t+\alpha)+\dfrac{L}{R^2+L^2}e^{-\frac{R}{L}t}$

$\left(\text{ただし }\cos\alpha=\dfrac{R}{R^2+L^2},\ \sin\alpha=-\dfrac{L}{R^2+L^2}\right)$

第4章 複素関数

問題 A (p.73)

1. (1) $u=e^x\cos y$, $v=-e^x\sin y$，満たさない (2) $u=x^2$, $v=y^2$，満たさない
(3) $u=x^3$, $v=y^3$，満たさない (4) $u=x^2-y^2$, $v=-2xy$，満たさない
(5) $u=x^3-3xy^2$, $v=3x^2y-y^3$，満たす
(6) $u=x^2-y^2+4xy$, $v=2(xy-x^2+y^2)$，満たす
(7) $u=5x-2xy$, $v=x^2-y^2+5y-1$，満たす
(8) $u=x^2-y^2+2xy+3$, $v=y^2-x^2-2xy$，満たさない
(9) $u=\dfrac{y}{x^2+y^2}$, $v=\dfrac{x}{x^2+y^2}$，満たす．ただし，$z=0$ は除く
(10) $u=x\sqrt{x^2+y^2}$, $v=y\sqrt{x^2+y^2}$，満たさない

問題解答（第 4 章 複素関数）

2. (1) $f'(z) = 2z + 1 + i$　(2) $f'(z) = 15iz^2 - 5$　(3) $f'(z) = 2az + b$
(4) $f'(z) = -\dfrac{4(5-2i)}{z^5}$　(5) $f'(z) = \dfrac{4i}{(z+2i)^2}$　(6) $f'(z) = \dfrac{-iz^2 + 4z - 1}{(z^2+i)^2}$
(7) $f'(z) = 8(z-4i)^7$　(8) $f'(z) = 12iz(iz^2+3)^5$　(9) $f'(z) = -\dfrac{231i(4z-3i)^6}{(z-9i)^8}$
(10) $f'(z) = \dfrac{9(-z^2 + 6iz - 19i)(z-3i)^8}{(z^2 - 8z + 5i)^{10}}$

3. (1) $z = 2$ は 1 位の極．$z = -1$ は 1 位の極
(2) $z = \sqrt{3}i$ は 2 位の極．$z = -\sqrt{3}i$ は 2 位の極
(3) $z = -4i$ は 1 位の極．$z = -i$ は 2 位の極　(4) 極はない
(5) $z = 1$ は 1 位の極　(6) $z = 1$ は 2 位の極．$z = -\dfrac{2}{3}$ は 2 位の極
(7) $z = -1 + \sqrt{2}i$ は 1 位の極．$z = -1 - \sqrt{2}i$ は 1 位の極
(8) $z = -i$ は 1 位の極．$z = 2i$ は 1 位の極
(9) $z = 1 + 2i$ は 2 位の極　(10) $z = 0$ は 1 位の極．$z = -i$ は 1 位の極．$z = 5i$ は 2 位の極

4. (1) $4 - 2i$　(2) $\dfrac{i}{2}$　(3) $-\dfrac{i}{2}$　(4) $1 - \cosh\dfrac{\pi}{4}$　(5) $\dfrac{\sqrt{2}}{2} - i\sinh\dfrac{\pi}{3}$　(6) $\dfrac{\pi}{2}i$　(7) $2\pi i$
(8) $2\pi i$　(9) 0　(10) 0

5. (1) $-\dfrac{65}{4}$　(2) $338 - 266i$　(3) $-3 + 18i$　(4) $\dfrac{1}{2}(-1 + e^2 i)$
(5) $\dfrac{2}{\pi}\left(\cosh\dfrac{3}{2}\pi - i\sinh\dfrac{\pi}{2}\right)$　(6) $-\dfrac{2}{5}$　(7) $\dfrac{i}{2}\left(\pi - \dfrac{1}{2}\sinh 2\pi\right)$　(8) $\dfrac{1}{12}(1 - \cosh 3\pi)$
(9) $\dfrac{1}{2\pi}\left(\cosh\dfrac{\pi}{4} - \cosh\pi\right)$　(10) $\dfrac{1}{4}(\cosh 2 - 2\sinh 2 - 1) + i\dfrac{\pi}{2}\sinh 2$

6. (1) $2\pi i$　(2) $2\pi i$　(3) 0　(4) $2\pi e^{-3} i$　(5) 0　(6) $2\pi i$　(7) $-2\pi i$　(8) 0
(9) $9\pi(-\sin 3 + i\cos 3)$　(10) $10\pi i$

7. (1) $z = 1$ は 1 位の極, $\mathrm{Res}(1) = \dfrac{1-i}{2}$
$z = i$ は 1 位の極, $\mathrm{Res}(i) = \dfrac{1}{2}$．$z = -i$ は 1 位の極, $\mathrm{Res}(-i) = \dfrac{i}{2}$
(2) $z = 1$ は 1 位の極, $\mathrm{Res}(1) = \dfrac{1}{6}$．$z = -1 + \sqrt{2}i$ は 1 位の極, $\mathrm{Res}(-1+\sqrt{2}i) = \dfrac{-1 - 2\sqrt{2}i}{12}$
$z = -1 - \sqrt{2}i$ は 1 位の極, $\mathrm{Res}(-1 - \sqrt{2}i) = \dfrac{-1 + 2\sqrt{2}i}{12}$

(3) $z = \dfrac{-1+\sqrt{3}i}{2}$ は 1 位の極, $\text{Res}\left(\dfrac{-1+\sqrt{3}i}{2}\right) = \dfrac{3+2\sqrt{3}+\sqrt{3}i}{6}$

$z = \dfrac{-1-\sqrt{3}i}{2}$ は 1 位の極, $\text{Res}\left(\dfrac{-1-\sqrt{3}i}{2}\right) = \dfrac{3-2\sqrt{3}-\sqrt{3}i}{6}$

(4) $z = 2$ は 1 位の極, $\text{Res}\,(2) = \dfrac{1-i}{6}$. $z = -1$ は 1 位の極, $\text{Res}\,(1) = \dfrac{1+2i}{3}$

$z = 0$ は 2 位の極, $\text{Res}\,(0) = -\dfrac{1+i}{2}$

(5) $z = 1$ は 2 位の極, $\text{Res}\,(1) = 0$

(6) $z = 2$ は 1 位の極, $\text{Res}\,(2) = \dfrac{4}{5}$. $z = -\dfrac{1}{2}$ は 1 位の極, $\text{Res}\left(-\dfrac{1}{2}\right) = -\dfrac{1}{20}$

(7) $z = \sqrt{3}i$ は 2 位の極, $\text{Res}\,\left(\sqrt{3}i\right) = -\dfrac{e^{\sqrt{3}i}(3+\sqrt{3}i)}{36}$

$z = -\sqrt{3}i$ は 2 位の極, $\text{Res}\,\left(-\sqrt{3}i\right) = -\dfrac{e^{-\sqrt{3}i}(3-\sqrt{3}i)}{36}$

(8) $z = 0$ は 2 位の極, $\text{Res}(2) = 0$

(9) $z = 1$ は 1 位の極, $\text{Res}\,(1) = 2+i$. $z = 0$ は 2 位の極, $\text{Res}\,(2) = -2-i$

(10) $z = \sqrt{2}i$ は 1 位の極, $\text{Res}\,\left(\sqrt{2}i\right) = \dfrac{7+5\sqrt{2}i}{18}$

$z = -\sqrt{2}i$ は 1 位の極, $\text{Res}\,\left(-\sqrt{2}i\right) = \dfrac{7-5\sqrt{2}i}{18}$

$z = -1$ は 2 位の極, $\text{Res}\,(-1) = -\dfrac{7}{9}$

8. (1) 0 (2) $-\dfrac{\pi}{2}$ (3) $-\dfrac{2\pi}{3}(1+i)$ (4) $-4\pi i$ (5) $-2\pi i$ (6) 0 (7) $-4\pi i$ (8) $4i$

(9) $-\dfrac{3}{4}\pi i$ (10) 0

9. 級数 $\dfrac{1}{1-x} = 1+x+x^2+x^3+\cdots$, $\dfrac{1}{1+x} = 1-x+x^2-x^3+\cdots$ を利用する（参考：「計算力をつける応用数学」例題 4.28, 「計算力をつける微分積分」第 3 章問 16, 注意 3.15).

(1) $f(z) = -1 + (z+1) - (z+1)^2 + \cdots$, $\text{Res}(-1) = 0$

(2) $f(z) = -\dfrac{2}{\pi} - \dfrac{2}{\pi^2}z - \dfrac{2}{\pi^3}z^2 - \cdots$, $\text{Res}(0) = 0$. $f(z) = \dfrac{2}{z-\pi}$, $\text{Res}(\pi) = 2$

(3) $f(z) = \dfrac{1}{3}z + \dfrac{4}{9}z^2 + \dfrac{13}{27}z^3 + \cdots$, $\text{Res}(0) = 0$

(4) $f(z) = \dfrac{1}{z-1} + \dfrac{1}{2} + \dfrac{1}{4}(z-1) + \cdots$, $\text{Res}(1) = 1$

(5) $f(z) = \dfrac{i}{16}\dfrac{1}{(z-4)^2} - \dfrac{i}{32}\dfrac{1}{(z-4)} + \dfrac{3i}{256} - \cdots,$ $\mathrm{Res}(4) = -\dfrac{i}{32}$

(6) $f(z) = -(z-\pi) + \dfrac{1}{6}(z-\pi)^3 - \dfrac{1}{120}(z-\pi)^5 + \cdots,$ $\mathrm{Res}(\pi) = 0$

(7) $f(z) = -1 + \dfrac{1}{6}\left(z - \dfrac{\pi}{2}\right)^2 - \dfrac{1}{120}\left(z - \dfrac{\pi}{2}\right)^4 + \cdots,$ $\mathrm{Res}\left(\dfrac{\pi}{2}\right) = 0$

(8) $f(z) = -\dfrac{2}{z^3} - \dfrac{2}{z^2} - \dfrac{4}{3}\dfrac{1}{z} - \cdots,$ $\mathrm{Res}(0) = -\dfrac{4}{3}$

(9) $f(z) = \dfrac{2}{5}\dfrac{1}{z} - \dfrac{4}{15}z + \dfrac{4}{75}z^3 - \cdots,$ $\mathrm{Res}(0) = \dfrac{2}{5}$

(10) $f(z) = \dfrac{1}{16}z - \dfrac{1}{48}z^3 + \dfrac{9}{1280}z^5 - \cdots,$ $\mathrm{Res}(0) = 0$

10. (1) $\dfrac{\sqrt{3}\pi}{6}$ (2) $\dfrac{\sqrt{2}\pi}{4}$ (3) $\dfrac{\pi}{2}$ ($z = e^{i\theta}$ とおく) (4) $\dfrac{2\pi}{3}$ (5) $\dfrac{5\sqrt{2}\pi}{2}$ (6) $-\dfrac{\sqrt{2}\pi}{18}$

(7) $\dfrac{3\sqrt{2}}{128}\pi$ (8) $\sqrt{2}\pi$ (9) $\dfrac{2\pi}{1-a^2}$ (10) $\dfrac{2\pi}{ab}$

11. (1) $i, -\dfrac{\sqrt{3}}{2} - \dfrac{1}{2}i, \dfrac{\sqrt{3}}{2} - \dfrac{1}{2}i$ (2) $\pm 4, \pm 4i$

(3) $\log_e 5 + i(2n+1)\pi,\quad n = 0, \pm 1, \pm 2, \cdots$ (4) $\log_e 2 + \dfrac{4n+1}{2}\pi i,\quad n = 0, \pm 1, \pm 2, \cdots$

(5) $\log_e 3\sqrt{2} + \dfrac{8n+3}{4}\pi i,\quad n = 0, \pm 1, \pm 2, \cdots$ (6) $e^{-2\sqrt{3}n\pi i},\quad n = 0, \pm 1, \pm 2, \cdots$

(7) $e^{\frac{3}{2}(4n+3)\pi},\quad n = 0, \pm 1, \pm 2, \cdots$ (8) $\dfrac{1}{3}z^{-\frac{2}{3}}$ (9) $\dfrac{3z^2}{2\sqrt{z^3 - 2i}}$ (10) $\dfrac{2z+i}{z^2 + iz - i}$

問題 B (p.78)

1. (1) $u = x^3 + 3xy^2,\ v = 3x^2y + y^3,$ 満たさない

(2) $u = e^{x^2 - y^2}\cos 2xy,\ v = e^{x^2 - y^2}\sin 2xy,$ 満たす

(3) $u = \log(x^2 + y^2),\ v = \dfrac{y}{x},$ 満たさない

(4) $u = \dfrac{x}{x^2 + y^2},\ v = \dfrac{y}{x^2 + y^2},$ 満たさない

(5) $u = \sin 2x \cosh 2y,\ v = \cos 2x \sinh 2y,$ 満たす

(6) $u = \cosh 3x \cos 3y,\ v = \sinh 3x \sin 3y,$ 満たす

(7) $u = \sinh x \cos y,\ v = -\cosh x \sin y,$ 満たさない

(8) $u = x + \dfrac{4x}{x^2 + y^2},\ v = y - \dfrac{4y}{x^2 + y^2},$ 満たす. ただし $z = 0$ は除く

(9) $u = 2xy,\ v = -x^2 + y^2,$ 満たす

(10) $u = 1 - \dfrac{x+1}{(x+1)^2 + y^2}$, $v = \dfrac{y}{(x+1)^2 + y^2}$, 満たす. ただし $z = -1$ は除く

2. (1) $f'(z) = -2i \sin 2iz$ (2) $f'(z) = e^{-iz}(1 - iz)$
(3) $f'(z) = e^{3iz}(3i \sin 5z + 5 \cos 5z)$ (4) $f'(z) = 2 \sin 2(2z + 3i)$
(5) $f'(z) = \dfrac{4}{3} z \cos \dfrac{z^2}{3}$ (6) $f'(z) = 6 \sinh 2(2z - 1 + i)$
(7) $f'(z) = 3(2z - 4) \tan^2(z^2 - 4z + i) \sec^2(z^2 - 4z + i)$
(8) $f'(z) = 2z \cos(z - 2i) - (z^2 - i) \sin(z - 2i)$
(9) $f'(z) = \dfrac{2(z \sinh 2z - \cosh 2z + 1)}{z^3}$ (10) $f'(z) = \dfrac{-2z - iz \cos iz + 3 \sin iz}{z^4}$

3. (1) 極はない (2) $z = 0$ は 1 位の極 (3) $z = 0$ は 1 位の極 (4) $z = i$ は 3 位の極
(5) $z = \pi i$ は 4 位の極 (6) $z = 0$ は 1 位の極 (7) 極はない (8) 極はない
(9) $z = \pi$ は 1 位の極 (10) $z = 0$ は 1 位の極

4. (1) $-\dfrac{1}{2} + \dfrac{2}{3}i$ (2) $\dfrac{2}{3}(1 + i)$ (3) $-\dfrac{\pi}{2}$ (4) -3 (5) $e^{-2} - e^2$ (6) $2\pi i$ (7) $-2\pi i$
(8) $-4\pi i$ (9) $\dfrac{2}{3}\pi i$ (10) $-\log_e 2 + \dfrac{\pi}{4}i$

5. (1) $150 + 90i$ (2) $\pi^2 - \dfrac{5}{e} - 2 + 2\pi i$ (3) $\dfrac{\pi}{4}$ (4) $\dfrac{9(3\pi^2 - 2)i}{\pi^3}$
(5) $u = z^2$ とおく. $\dfrac{1}{2}(e^{-4} - e)$ (6) $u = \pi z^4$ とおく. $\dfrac{1}{4\pi}(1 - \cosh 4\pi)$
(7) (与式) $= \dfrac{1}{4}\left\{\sqrt{2}\left(\cosh \dfrac{\pi}{4} - \sinh \dfrac{\pi}{4}\right) - 2\right\} + \dfrac{\sqrt{2}}{4}\left(\sinh \dfrac{\pi}{4} + \cosh \dfrac{\pi}{4}\right) i$
$= \dfrac{1}{4}(\sqrt{2} e^{-\frac{\pi}{4}} - 2) + \dfrac{\sqrt{2}}{4} i e^{\frac{\pi}{4}}$
(8) $u = z^3 - 3zi$ とおく. $\dfrac{-7 + 24i}{3}$ (9) 2 項に分け置換積分. $\dfrac{2}{\pi}$
(10) $\dfrac{1}{4}(1 - \cosh 4\pi + i \sinh 4\pi)$

6. (1) $2\pi i$ (2) $z = 0$ は除去可能特異点. 0 (3) $2\pi i$ (4) $\dfrac{2\pi}{3} i$
(5) $z = \dfrac{\pi}{2}$ は 1 位の極. $-2\pi i$ (6) $z = -1$ は 1 位の極. $-2\pi^2 i$ (7) $-2\pi i$ (8) $9\pi i$
(9) 0 (10) $\dfrac{\pi}{2} i$

7. (1) $z = \dfrac{\pi}{2} i$ は 1 位の極, $\text{Res}\left(\dfrac{\pi}{2} i\right) = \dfrac{i}{\pi}$. $z = -\dfrac{\pi}{2} i$ は 1 位の極, $\text{Res}\left(-\dfrac{\pi}{2} i\right) = \dfrac{i}{\pi}$

(2) $z = \dfrac{1}{2}$ は 2 位の極, $\operatorname{Res}\left(\dfrac{1}{2}\right) = -\dfrac{1}{8}$. $z = -\dfrac{1}{2}$ は 2 位の極, $\operatorname{Res}\left(-\dfrac{1}{2}\right) = \dfrac{1}{8}$

(3) $z = 0$ は 1 位の極, $\operatorname{Res}(0) = 2$. $z = -1 + i$ は 1 位の極, $\operatorname{Res}(-1 + i) = \dfrac{-1 + 3i}{2}$

$z = -1 - i$ は 1 位の極, $\operatorname{Res}(-1 - i) = \dfrac{-1 - 3i}{2}$

(4) $z = \pi i$ は 1 位の極, $\operatorname{Res}(\pi i) = -\dfrac{\pi}{2} i$ $\left(\lim\limits_{z \to \pi i} \dfrac{z - \pi i}{1 - e^{2z}} \right.$ にロピタルの定理利用（参考：「計算力をつける微分積分」定理 3.9)$\left.\right)$

(5) $z = \dfrac{\pi}{2}$ は 1 位の極, $\operatorname{Res}\left(\dfrac{\pi}{2}\right) = -e^{\frac{\pi}{2}}$ $\left(\lim\limits_{z \to \frac{\pi}{2}} \dfrac{z - \frac{\pi}{2}}{\cos z} \right.$ にロピタルの定理利用 $\left.\right)$

(6) $z = 2\pi$ は 1 位の極, $\operatorname{Res}(2\pi) = 2$

(7) $z = 0$ は 1 位の極, $\operatorname{Res}(0) = -1$. $z = -i$ は 2 位の極, $\operatorname{Res}(-i) = 2\sinh 1 - \cosh 1$

(8) $z = 1$ は 5 位の極, $\operatorname{Res}(1) = -\dfrac{\pi^4}{24}$

(9) $z = \dfrac{\pi}{2} i$ は 1 位の極, $\operatorname{Res}\left(\dfrac{\pi}{2} i\right) = 1$ $\left(\operatorname{Res}\left(\dfrac{\pi}{2} i\right) = \lim\limits_{z \to \frac{\pi}{2} i} \left(z - \dfrac{\pi}{2} i\right) \dfrac{\sinh z}{\cosh z} \right)$

(10) $z = 0$ は 1 位の極, $\operatorname{Res}(0) = \dfrac{1}{2}$. $z = \dfrac{\pi}{4}$ は 1 位の極, $\operatorname{Res}\left(\dfrac{\pi}{4}\right) = -\dfrac{i}{2}$

8. (1) -4π (2) $8\pi^3 i$ (3) $\pi^3 i$ (4) $-9\sqrt{2}\pi i$ (5) $10\pi^2 i$ (6) -3 (7) $2\pi i$ (8) $-\dfrac{18}{5}\pi$

(9) $-2\pi \left(t - 1 + e^{-t}\cos t\right)$ (10) $\dfrac{2\pi}{75} i$

9. 三角関数・指数関数の級数展開と多項式との，積・差などを計算する．級数 $\dfrac{1}{1-x} = 1 + x + x^2 + x^3 + \cdots$ を利用する（参考：「計算力をつける応用数学」例題 4.29,「計算力をつける微分積分」第 3 章問 16, 注意 3.15)．

(1) $f(z) = 1 + \dfrac{1}{6}z^2 + \dfrac{7}{360}z^4 + \cdots,\quad \operatorname{Res}(0) = 0$

(2) $f(z) = \dfrac{1}{z^2} + \dfrac{1}{6} + \dfrac{7}{360}z^2 + \cdots,\quad \operatorname{Res}(0) = 0$

$f(z) = -\dfrac{1}{\pi}\dfrac{1}{z - \pi} + \dfrac{1}{\pi^2} - \dfrac{6 + \pi^2}{6\pi^3}(z - \pi) + \cdots,\quad \operatorname{Res}(\pi) = -\dfrac{1}{\pi}$

(3) $f(z) = \dfrac{1}{3z} + \dfrac{1}{6}z + \dfrac{23}{120}z^3 + \cdots,\quad \operatorname{Res}(0) = \dfrac{1}{3}$

(4) $f(z) = -\dfrac{1}{(z - \pi)^2} + \dfrac{1}{6} + \dfrac{7}{120}(z - \pi)^2 + \cdots,\quad \operatorname{Res}(\pi) = 0$

(5) $f(z) = \dfrac{1}{z} + \dfrac{1}{2} + \dfrac{1}{2}z + \cdots,\quad \operatorname{Res}(0) = 1$

(6) $f(z) = \dfrac{1}{2z} + \dfrac{1}{24}z + \dfrac{1}{240}z^3 + \cdots$, Res$(0) = \dfrac{1}{2}$

(7) $f(z) = -\dfrac{i}{z - \frac{\pi}{2}} + 1 + \dfrac{i}{3}\left(z - \dfrac{\pi}{2}\right) + \cdots$, Res$\left(\dfrac{\pi}{2}\right) = -i$

(8) $f(z) = \dfrac{4}{3} - \dfrac{4}{15}z^2 + \dfrac{8}{315}z^4 - \cdots$, Res$(0) = 0$

(9) $f(z) = \dfrac{1}{6z} - \dfrac{1}{18}z + \dfrac{11}{432}z^3 - \cdots$, Res$(0) = \dfrac{1}{6}$

(10) $f(z) = -\dfrac{e^{-it}}{2(z+i)} - \dfrac{e^{-it}}{4}(2t-3i) - \dfrac{e^{-it}}{8}(2t^2 - 7 - 6ti)(z+i) - \cdots$, Res$(-i) = -\dfrac{e^{-it}}{2}$

10. (1) $\dfrac{\sqrt{3}\pi}{3}$ (2) $\dfrac{10\sqrt{3}\pi}{21}$ (3) $\dfrac{7\sqrt{3}-9}{144}\pi$ (4) $\dfrac{25\sqrt{2}\pi}{324}$ (5) $-\dfrac{3}{2}\pi$ (6) 0

(7) $-\dfrac{\pi}{6}$ (8) 0 (9) 2π (10) 2π

11. (1) $2^{-\frac{1}{2}}(-1 + \sqrt{3}i)$, $2^{-\frac{1}{2}}(1 - \sqrt{3}i)$

(2) $\dfrac{1}{2}\log_e 2 + \left(\dfrac{8n+5}{4}\right)\pi i$, $n = 0, \pm 1, \pm 2, \cdots$

(3) $\log_e 2 + \dfrac{12n+1}{6}\pi i$, $n = 0, \pm 1, \pm 2, \cdots$

(4) $\dfrac{1}{2}\log_e 2 + 1 + \dfrac{8n-1}{4}\pi i$, $n = 0, \pm 1, \pm 2, \cdots$

(5) $8^i e^{-\frac{6n-1}{2}\pi}$, $n = 0, \pm 1, \pm 2, \cdots$

(6) $8^{1-i}\exp\left(\dfrac{8n+1}{2}\pi + \dfrac{8n+1}{2}\pi i\right)$, $n = 0, \pm 1, \pm 2, \cdots$

(7) $\dfrac{2z}{i + z^2}$ (8) $2iz^{2i-1}$ (9) $\dfrac{z\cos\sqrt{z^2 - i}}{\sqrt{z^2 - i}}$

(10) 対数微分法を利用する（参考：「計算力をつける微分積分」p. 34）.
$(z+3i)^{z-i}\left\{\log(z+3i) + \dfrac{z-i}{z+3i}\right\}$

索　引

い
一般解 ································ 11
インパルス応答 ·················· 53

え
L^2 関数 ····························· 30
円群の方程式 ······················· 9
円の方程式 ·························· 2

お
オイラーの公式 ···················· 3

か
階段関数 ···························· 49
ガウス分布 ························ 36
加法定理 ···························· 66
完全微分形 ························ 10
完全微分方程式 ·················· 10
ガンマ関数 ························ 47

き
奇関数 ························ 28, 34
基本解 ······························ 12
基本波 ······························ 41
逆ラプラス変換 ·················· 51
　　──の線形性 ················ 51
境界条件 ······················ 33, 37
共役複素数 ·························· 2
極 ···································· 67
　　──形式 ························ 2
虚数単位 ······························ 1

虚部 ······························ 1, 65

く
偶関数 ························ 28, 34
区分的に連続 ····················· 32
グルサーの定理 ·················· 69
クレロー型 ························ 24

け
原関数の積分 ················ 49, 52
原関数の微分 ····················· 35
原関数の平行移動 ······ 35, 49, 52
懸垂線 ······························ 24

こ
合成関数の微分 ·················· 65
合成積 ······················ 36, 50, 53
　　──のフーリエ変換 ······ 36
　　──のラプラス変換 ······ 50
高調波 ······························ 41
コーシー–リーマンの方程式 ··· 65
コーシーの積分公式 ············ 69
コーシーの定理 ·················· 68

さ
最終値の定理 ····················· 62
三角関数 ······················ 66, 67

し
指数関数 ························ 3, 66
実部 ······························ 1, 65

周期 ･･････････････････････ 66
周期関数 ･･････････････････ 50
　――のラプラス変換 ･････････ 50
自由落下の方程式 ･････････････ 9
商の微分 ･･････････････････ 65
常微分方程式 ･････････････ 9, 53
初期条件 ･･････････････ 33, 37
初期値の定理 ･･････････････ 62
初期値問題 ･･･････････････ 53

せ

正規直交関数系 ････････････ 31
正則 ･･････････････････････ 68
　――関数 ･･･････････････ 65, 69
積の微分 ･･････････････････ 65
接線 ･･･････････････････ 14, 20
　――影 ･･････････････････ 20
絶対値 ･････････････････････ 1
線形1階微分方程式 ･････････ 10
線形性 ･･･････････････ 35, 48
線形2階微分方程式 ･････････ 11

そ

像関数の積分 ･････････････ 50
像関数の微分 ････････ 35, 49, 52
像関数の平行移動 ･･････ 35, 48, 52
双曲線関数 ･･･････････････ 66, 67
相似性 ････････････････ 35, 48

た

対称性 ････････････････････ 35
対数関数 ･････････････････ 72
多価関数 ･････････････････ 71
たたみ込み積分 ････････････ 36
単振動 ･･･････････････････ 19

ち

直交関数系 ･･･････････････ 31

て

テイラー級数 ･･････････････ 70
デルタ関数 ････････････････ 36
伝搬速度 ･･･････････････ 33, 37

と

導関数のラプラス変換 ･･････ 48
同次形 ･･････････････････ 10, 11
　――微分方程式 ･････････ 10
特異解 ･･････････････････ 11
特殊解 ･･････････････････ 11
特性方程式 ･･････････････ 11
ド・モアブルの公式 ････････ 2

な

内積 ････････････････････ 30

に

2乗可積分関数 ･･･････････ 30

ね

熱伝導率 ･･･････････････ 33, 37
熱方程式 ･･･････････････ 33, 37

は

パーセバルの等式 ･･･････ 33, 36
波動方程式 ･･･････････ 33, 37

ひ

非同次形 ････････････････ 11
微分 ･･････････････ 3, 66, 67, 72

ふ

フーリエ逆変換 ･･･････････ 34

索 引

フーリエ級数 ・・・・・・・・・・・・・・・・・・・・・・ 27
　　——展開 ・・・・・・・・・・・・・・・・・・・・ 27, 29
　　——の収束 ・・・・・・・・・・・・・・・・・・・・ 32
　　複素形—— ・・・・・・・・・・・・・・・・・・・・ 30
フーリエ係数 ・・・・・・・・・・・・・・・・・・・・・・ 27
フーリエ正弦級数 ・・・・・・・・・・・・・・・ 28, 29
フーリエ正弦変換 ・・・・・・・・・・・・・・・・・・ 34
フーリエ変換 ・・・・・・・・・・・・・・・・・・・・・・ 34
　　合成積の—— ・・・・・・・・・・・・・・・・・・ 36
フーリエ余弦級数 ・・・・・・・・・・・・・・・ 28, 29
フーリエ余弦変換 ・・・・・・・・・・・・・・・・・・ 34
複素形フーリエ級数 ・・・・・・・・・・・・・・・・ 30
複素数 ・・・・・・・・・・・・・・・・・・・・・・・・・・・・ 1
複素積分 ・・・・・・・・・・・・・・・・・・・・・・・・・ 68
複素平面 ・・・・・・・・・・・・・・・・・・・・・・・・・・ 1

へ

べき関数 ・・・・・・・・・・・・・・・・・・・・・・・・・ 72
ベルヌーイ型 ・・・・・・・・・・・・・・・・・・・・・ 23
偏角 ・・・・・・・・・・・・・・・・・・・・・・・・・・・・・・ 1
変数分離形微分方程式 ・・・・・・・・・・・・・・ 9
偏微分方程式 ・・・・・・・・・・・・・・・・・ 33, 37

ほ

法線 ・・・・・・・・・・・・・・・・・・・・・・・・・・・・・ 20
　　——影 ・・・・・・・・・・・・・・・・・・・・・・・・ 20
包絡線 ・・・・・・・・・・・・・・・・・・・・・・・・・・・ 11

ら

ラプラス変換 ・・・・・・・・・・・・・・・・・・・・・ 47
　　逆—— ・・・・・・・・・・・・・・・・・・・・・・・・ 51
　　合成積の—— ・・・・・・・・・・・・・・・・・・ 50
　　周期関数の—— ・・・・・・・・・・・・・・・・ 50
　　導関数の—— ・・・・・・・・・・・・・・・・・・ 48

り

リッカチ方程式 ・・・・・・・・・・・・・・・・・・・ 23
留数 ・・・・・・・・・・・・・・・・・・・・・・・・・・・・・ 70
　　——定理 ・・・・・・・・・・・・・・・・・・・・・・ 70

れ

連立微分方程式 ・・・・・・・・・・・・・・・・・・・ 25
連立常微分方程式 ・・・・・・・・・・・・・・・・・ 62

ろ

ローラン級数 ・・・・・・・・・・・・・・・・・・・・・ 71

著者紹介
魚橋慶子（うおはし　けいこ）
1968 年　大阪府堺市生まれ
1991 年　大阪大学理学部数学科卒業
1999 年　大阪大学大学院基礎工学研究科博士後期課程物理系専攻（制御工学分野）修了
1999 年　大阪府立工業高等専門学校講師
2004 年　同助教授
2007 年　東北学院大学工学部機械知能工学科准教授
2013 年　同教授
　　　　現在に至る
博士（理学）（大阪大学）

梅津　実（うめつ　みのる）
1956 年　青森県八戸市生まれ
1979 年　東北大学理学部天文および地球物理学科第一卒業
1988 年　東北大学大学院理学研究科天文学専攻博士課程後期 3 年の課程修了
1989 年　東北学院大学工学部非常勤講師
　　　　現在に至る
博士（理学）（東北大学）

2016 年 4 月 1 日　第 1 版発行

計算力をつける
応用数学 問題集

著者の了解により検印を省略いたします

著　者 ©　魚　橋　慶　子
　　　　　梅　津　　　実
発行者　内　田　　　学
印刷者　山　岡　景　仁

発行所　株式会社　内田老鶴圃　〒112-0012 東京都文京区大塚3丁目34番3号
　　　　　　　　　　　　電話 03(3945)6781（代）・FAX 03(3945)6782
http://www.rokakuho.co.jp/
　　　　　　　　　　　　　　　　　　　　　　印刷・製本／三美印刷 K.K.

Published by UCHIDA ROKAKUHO PUBLISHING CO., LTD.
3-34-3 Otsuka, Bunkyo-ku, Tokyo, Japan
ISBN 978-4-7536-0133-2 C3041　　U. R. No. 621-1

数学関連書籍

理工系のための微分積分 I
鈴木 武・山田 義雄・柴田 良弘・田中 和永 共著
A5・260 頁・本体 2800 円

理工系のための微分積分 II
鈴木 武・山田 義雄・柴田 良弘・田中 和永 共著
A5・284 頁・本体 2800 円

理工系のための微分積分 問題と解説 I
鈴木 武・山田 義雄・柴田 良弘・田中 和永 共著
B5・104 頁・本体 1600 円

理工系のための微分積分 問題と解説 II
鈴木 武・山田 義雄・柴田 良弘・田中 和永 共著
B5・96 頁・本体 1600 円

解析入門 微分積分の基礎を学ぶ
荷見 守助 編著／岡 裕和・榊原 暢久・中井 英一 著
A5・216 頁・本体 2100 円

線型代数入門
荷見 守助・下村 勝孝 共著 A5・228 頁・本体 2200 円

線型代数の基礎
上野 喜三雄 著 A5・296 頁・本体 3200 円

複素解析の基礎 i のある微分積分学
堀内 利郎・下村 勝孝 共著 A5・256 頁・本体 3300 円

関数解析入門 バナッハ空間とヒルベルト空間
荷見 守助 著 A5・192 頁・本体 2500 円

関数解析の基礎 ∞次元の微積分
堀内 利郎・下村 勝孝 共著 A5・296 頁・本体 3800 円

ルベーグ積分論
柴田 良弘 著 A5・392 頁・本体 4700 円

統計学 データから現実をさぐる
池田 貞雄・松井 敬・冨田 幸弘・馬場 善久 共著
A5・304 頁・本体 2500 円

統計入門 はじめての人のための
荷見 守助・三澤 進 共著 A5・200 頁・本体 1900 円

数理統計学 基礎から学ぶデータ解析
鈴木 武・山田 作太郎 著 A5・416 頁・本体 3800 円

現代解析の基礎 直観⇄論理
荷見 守助・堀内 利郎 共著 A5・302 頁・本体 2800 円

現代解析の基礎演習
荷見 守助 著 A5・324 頁・本体 3200 円

代数方程式のはなし
今野 一宏 著 A5・156 頁・本体 2300 円

代数曲線束の地誌学
今野 一宏 著 A5・284 頁・本体 4800 円

代數學 第 1 巻
藤原 松三郎 著 A5・664 頁・本体 6000 円

代數學 第 2 巻
藤原 松三郎 著 A5・765 頁・本体 9000 円

數學解析第一編 微分積分學 第 1 巻
藤原 松三郎 著 A5・688 頁・本体 9000 円

數學解析第一編 微分積分學 第 2 巻
藤原 松三郎 著 A5・655 頁・本体 5800 円

微分積分 上
入江 昭二・垣田 高夫・杉山 昌平・宮寺 功 共著
A5・224 頁・本体 1700 円

微分積分 下
入江 昭二・垣田 高夫・杉山 昌平・宮寺 功 共著
A5・216 頁・本体 1700 円

複素関数論
入江 昭二・垣田 高夫 共著 A5・240 頁・本体 2700 円

常微分方程式
入江 昭二・垣田 高夫 共著 A5・216 頁・本体 2300 円

フーリエの方法
入江 昭二・垣田 高夫 共著 A5・124 頁・本体 1400 円

ルベーグ積分入門
洲之内 治男 著 A5・264 頁・本体 3000 円

リーマン面上のハーディ族
荷見 守助 著 A5・436 頁・本体 5300 円

数理論理学 使い方と考え方：超準解析の入口まで
江田 勝哉 著 A5・168 頁・本体 2900 円

集合と位相
荷見 守助 著 A5・160 頁・本体 2300 円

確率概念の近傍 ベイズ統計学の基礎をなす確率概念
園 信太郎 著 A5・116 頁・本体 2500 円

ウエーブレットと確率過程入門
謝 衷潔・鈴木 武 共著 A5・208 頁・本体 3000 円

数理分類学
Sneath・Sokal 著／西田 英郎・佐藤 嗣二 共訳
A5・700 頁・本体 15000 円

表示価格は税別の本体価格です． http://www.rokakuho.co.jp/

計算力をつける微分積分

神永 正博・藤田 育嗣 著　A5・172頁・本体2000円　ISBN978-4-7536-0031-1

微分積分を道具として利用するための入門書．微積の基本が「掛け算九九」のレベルで計算できるように工夫，公式・定理はなぜそのような形をしているかが分かる程度にとどめる．工業高校からの入学者も想定し，数学IIIを履修していなくても無理なく学習が進められるように配慮する．

指数関数と対数関数／三角関数／微　分／積　分／偏微分／2重積分／問の略解・章末問題の解答

計算力をつける微分積分 問題集

神永 正博・藤田 育嗣 著　A5・112頁・本体1200円　ISBN978-4-7536-0131-8

待望の登場．数学を道具として利用する理工系学生向けの微分積分学の入門書として好評を頂いているテキスト「計算力をつける微分積分」の別冊問題集である．691問を用意し，テキストに沿っているため予習・復習に好適の書．高校で微分積分を未修の理工系学生も本問題集で鍛え，問題を全て解くことにより大学の微分積分学の基礎を着実にマスターできる．

指数関数と対数関数／三角関数／微　分／積　分／偏微分／2重積分

計算力をつける線形代数

神永 正博・石川 賢太 著　A5・160頁・本体2000円　ISBN978-4-7536-0032-8

計算力の養成に重点を置いた構成をとり，問，章末問題共に計算練習を中心とする．理論上重要であっても，抽象的な理論展開は避け「連立方程式の解き方」「ベクトル，行列の扱い方」を重点的に説明する．ベクトル，行列という言葉を初めて聞く学生や，数学B，数学Cを履修していない学生でも学習上問題ないように最大限配慮．

線形代数とは何をするものか？／行列の基本変形と連立方程式(1)／行列の基本変形と連立方程式(2)／行列と行列の演算／逆行列／行列式の定義と計算方法／行列式の余因子展開／余因子行列とクラメルの公式／ベクトル／空間の直線と平面／行列と一次変換／ベクトルの一次独立，一次従属／固有値と固有ベクトル／行列の対角化と行列のk乗／問と章末問題の略解

計算力をつける微分方程式

藤田 育嗣・間田 潤 著　A5・144頁・本体2000円　ISBN978-4-7536-0034-2

本書は，微分方程式を道具の一つとして使用する人のための入門書である．例題のすぐ後に，その例題の解法を参考にすれば解くことができる問題を配置．この積み重ねにより確実に計算力がレベルアップし，章末問題まで到達できる．第1章章末問題ではベルヌーイの微分方程式と積分因子を，第2章章末問題では3階以上の高階線形微分方程式に関する問題も用意．付章「物理への応用」の扱いも本書の特徴の一つであり，これにより微分方程式を身につける意味を実感できる．

微分方程式とは？／1階微分方程式／定数係数2階線形微分方程式／級数解／付章　物理への応用

計算力をつける応用数学

魚橋 慶子・梅津 実 著　A5・224頁・本体2800円　ISBN978-4-7536-0033-5

本書は数学をおもに道具として使う理工系学生のための応用数学の入門書である．応用数学として扱われる分野は幅広いが，なかでも大学・高専で学ぶことの多い常微分方程式，フーリエ・ラプラス解析，複素関数の分野に絞り，計算問題を中心として解説した．計算力の養成に力を注ぎ，厳密な証明は思い切って省略している．また工業高校などからの入学者を想定し，複素数の四則演算を学習していなくとも無理なく本書を読めるよう配慮した．

第0章　複素数　複素数とは／複素数の四則演算／複素数の図示／複素数の極形式（極表示）／2つの複素数／ド・モアブルの公式／共役複素数／複素平面上の距離と円／オイラーの公式

第1章　常微分方程式　微分方程式とは／変数分離形／同次形／線形1階微分方程式／完全微分形／線形2階微分方程式（同次形）／線形2階微分方程式（非同次形）／2階を超える線形微分方程式

第2章　フーリエ級数とフーリエ変換　フーリエ級数／三角関数とベクトルの比較／フーリエ級数の性質／偏微分方程式の解法（フーリエ級数の利用）／フーリエ変換／フーリエ変換の性質／偏微分方程式の解法（フーリエ変換の利用）

第3章　ラプラス変換　ラプラス変換／簡単なラプラス変換／ラプラス変換の性質／逆ラプラス変換／定数係数線形常微分方程式の初期値問題の解法／インパルス応答と合成積

第4章　複素関数　複素関数／極限／微分係数の定義とコーシー‐リーマン方程式／正則関数の組み合わせ／指数関数，三角関数，双曲線関数／特異点と極／複素積分／留数／テイラー級数とローラン級数／実定積分の計算への応用／多価関数

問の略解・章末問題の解答

応用数学　工学専攻者のための

野邑 雄吉 著　A5・416頁・本体2400円　ISBN978-4-7536-0101-1

本書は，大学の工学課程または卒業後の専門研究へ導くために，応用数学の教科書・参考書として執筆されたものである．工学の基礎となるポテンシャル，振動，熱伝導等の物理現象については方程式の作り方と解き方を多くの例題で詳細に説明し，図表も豊富に引用して数学の応用力の育成をはかっている．

常微分方程式／無限級数と定積分／偏微分方程式／Legendre 函数と Bessel 函数／正則函数と等角写像／複素積分／Laplace の変換

応用数学演習　野邑・応用数学の問題解説

相馬 俊信・加賀屋 弘子　共著　A5・302頁・本体3000円　ISBN978-4-7536-0100-4

本書は，"野邑の応数"として1957年初版以来広く世に評価されている野邑雄吉著「応用数学」の詳しい解説書・問題解答書である．各章を概観して着眼点を示し，例題解法のポイントを述べ，わかりにくい箇所は詳しく説明し，問題の解答は極めて丁寧・詳細で，著者らの教壇での豊富な経験が随所に活きている有益な著．

常微分方程式／無限級数と定積分／偏微分方程式／Legendre 関数と Bessel 関数／正則関数と等角写像／複素積分／Laplace 変換